海洋中的科学

HAIYANGZHONG DE KEXUE

走进科学·海洋世界丛书

本书编写组◎编

“走进科学”让我们了解科学的精神，具有科学的思想，激励我们使用科学的方法，学到科学的知识。人的生命和大自然息息相关，让我们走进多姿多彩的大自然，了解各种生物的故事踏上探索生物的旅程。

ZOUJIN KEXUE
HAIYANG SHIJIE CONGSHU

世界图书出版公司
广州·北京·上海·西安

图书在版编目（CIP）数据

海洋中的科学 /《海洋中的科学》编写组编著. —广州：广东世界图书出版公司，2010. 2（2024.2 重印）

ISBN 978-7-5100-1581-6

Ⅰ. ①海… Ⅱ. ①海… Ⅲ. ①海洋-青少年读物 Ⅳ. ①P7-49

中国版本图书馆 CIP 数据核字（2010）第 024712 号

书　　名	海洋中的科学 HAIYANGZHONG DE KEXUE
编　　者	《海洋中的科学》编写组
责任编辑	肖淑娟
装帧设计	三棵树设计工作组
出版发行	世界图书出版有限公司　世界图书出版广东有限公司
地　　址	广州市海珠区新港西路大江冲 25 号
邮　　编	510300
电　　话	020-84452179
网　　址	http://www.gdst.com.cn
邮　　箱	wpc_gdst@163.com
经　　销	新华书店
印　　刷	唐山富达印务有限公司
开　　本	787mm × 1092mm　1/16
印　　张	10
字　　数	120 千字
版　　次	2010 年 2 月第 1 版　2024 年 2 月第 11 次印刷
国际书号	ISBN　978-7-5100-1581-6
定　　价	48.00 元

前　言

海洋约占地球表面积的71%，对经济和社会发展具有重要作用。海洋是生命的摇篮，是地球上最早生物的诞生地；海洋是风雨的故乡，对全球气候起着巨大的调控作用；海洋是交通的要道，为人类进行物质文明和精神文明交流作出了重大的贡献；海洋是资源的宝库，蕴藏着极为丰富的生物资源、矿产资源、化学资源、水资源和能源；海洋是国防前哨，海洋环境对海上军事活动有很大影响；海洋还是认识宇宙、发展自然科学理论的理想试验场。

随着世界人口激增、陆地资源短缺和生态环境恶化，人们越来越多地把目光移向海洋。海洋正以其富饶的资源和广袤的空间，给人类生存和发展带来新的希望，为全球经济和社会的可持续发展奠定了坚实的基础。

海洋作为地球上最大的一个地理单元，以它的广博和富饶影响和滋养着一代又一代的地球人类。在对海洋进行不断探索、研究和认知的同时，海洋的资源和价值也逐步被人们所认识和重视，随之而来的海洋权益之争也愈演愈烈。进入新世纪以来，随着世界共同面临的人口、资源和环境等问题的不断加重，人类对海洋的青睐和倚重更加凸显。沿海各国纷纷调整和制定新的海洋战略和政策，一个以权益为核心，以资源和环境为载体的全球范围的“蓝色圈地”

运动正在深入、广泛地展开。

现代海洋科学的研究体系，大体可以分为基础性学科研究和应用性技术研究两部分。海洋中发生的自然过程，按照内秉属性，大体上可分为物理过程、化学过程、地质过程和生物过程4类，每一类又是由许多个别过程所组成的系统。

如同自然科学中的其他学科一样，一方面，海洋科学的各个基础分支学科之间相互联系、依存和渗透，不断萌生出许多新的分支学科。另一方面，海洋科学的研究，特别是在早期，具有明显的自然地理学方向，从而形成了区域海洋学。

本书从基础海洋科学角度，阐述海洋各领域的科学视角及体系，让读者从不同侧面了解和认识海洋，从而更好地保护海洋、开发海洋、利用海洋。

由于海洋知识领域十分广泛、涉及的学科很多，而本书的篇幅有限，又要考虑尽可能合乎青少年朋友的阅读，所以在框架设计和内容取舍方面难度较大，疏漏差错之处在所难免。热诚希望各位专家学者及广大读者批评指正。

目　录 CONTENTS

地球与海洋科学

物理海洋

运动的海洋

海洋基础环境

海洋的物质环境

海水与海冰

海洋气象

海洋生物

地球与海洋科学

地球科学

在苍茫的宇宙之中，迄今为止，只发现地球上有人类繁衍生息，这不能不说是地球的独特与幸运。地球科学是行星科学的分支，它是以人类之家——地球系统（包括大气圈、水圈、岩石圈、生物圈和日地空间）演变的过程与变化及其相互作用为研究对象的科学体系。从不同角度对地球内外不同圈层和范围进行研究而形成的各个学科，则是地球科学体系的分支和组成部分。由于地球科学系统本身的复杂性，深入研究其某一部分的学科便不断形成、发展，有的则逐渐分化形成相对独立的学科。与此同时，基于地球各部分（大气、水、岩石和生物）之间存在的客观联系，特别是不同学科或方法的互相借鉴、交叉与渗透，逐渐形成一些新的交叉或边缘学科。这样一来，由地球科学便延伸出了众多的分支及相关学科，组成了一个复杂的科学体系。目前多数学者认为，地球科学主要包括地理学、地质学、大气科学、海洋科学、水文科学、固体地球物理学，而环境科学和测绘学也与地球科学有着极为密切的关系。这些学科的最终目的就是解决这样一个问题：地球是如何演化的？这些过程又对生命产生怎样的影响？

海洋约占地球表面积的71%

海洋科学

现代海洋科学的研究体系，大体可以分为基础性学科研究和应用性技术研究两部分。基础性学科是直接以海洋的自然现象和过程为研究对象，探索其发展规律；应用性技术学科则是研究如何运用这些自然规律为人类服务。

海　洋

海洋中发生的自然过程，按照内秉属性，大体上可分为物理过程、化学过程、地质过程和生物过程四类，每一类又是由许多个别过程所组成的系统。对这四类过程的研究，相应地形成了海洋科学中相对独立的四个基础分支学科：海洋物理学、海洋化学、海洋地质学和海洋生物学。

海洋物理学是运用物理学的理论、技术和方法研究发生于海洋中的各种物理现象及其变化规律的学科。它主要研究海洋中的物理现象及其变化规律，并研究海洋水体与大气圈、岩石圈和生物圈的相互作用，为海况和天气的监测及预报提供依据；研究海洋中的声、光、电现象和过程，以掌握其变化和机制；研究海洋探测的各种物理学方法和技术，从而实现有计划地在海上进行现场的专题观测和实验，促进海洋物理学的发展。通过这三方面的研究，形成了海洋物理学中一系列的分支学科，其中主要的有物理海洋学、海洋气象学、海洋声学、海洋光学、海洋电磁学和河口海岸带动力学等。

海洋化学是运用化学原理和化学技术，研究海洋各部分的化学组成、物质分布、化学性质和化学过程的学科。海洋化学包括化学海洋学和海洋资源化学等分支。化学海洋学是从化学物质的分布变化和运移的角度，来研究海洋中的化学问题的，有区域性特点。它既研究海洋中各种宏观化学过程，如不同水团在混合时的化学过程，也研究海洋环境中某一微小区域的化学过程，如表面吸附过程。海洋资源化学主要研究从海洋水体、海洋生物体和海底沉积层中开发利用化学资源的化学问题。此外，开发海洋的工程设施，存在一些亟待解决的化学问题，比如金属在海水中的腐蚀，防止生物对设备或船体的附着等。

海洋考察

海洋地质学是研究地壳被海水淹没部分的物质组成、地质构造和演化规律的学科。研究内容涉及海岸与海底的地形、海洋沉积物、海底岩石、海底构造、大洋地质历史和海底矿产资源。它是地质学的一部分，又与海洋学有密切联系，是地质学与海洋学的边缘科学。

海洋生物学是研究海洋中一切生命现象和过程及其规律的学科，主要研究海洋中生命的起源和演化，海洋生物的分类和分布、形态和生活史、生长和发育、生理和生化、遗传等，特别是进行生态的研究，以阐明海洋生物的习性和特点与海洋环境之间的关系，揭示海洋中发生的各种生物学现象及其规律，为开发、利用和发展海洋生物资源服务。海洋生物学包括生物海洋学、海洋生态学等分支学科。

如同自然科学中的其他学科一样，一方面，海洋科学的各个基础分支学科之间相互联系、依存和渗透，不断萌生出许多新的分支学科，如海洋地球化学、海洋生物化学、海洋生物地理学、古海洋学等。另一方面，海洋科学的研究，特别是在早期，具有明显的自然地理学方向，着重于综合地研究一个海区中的各种海洋现象，以揭示区域特点、区域环境质量、区域差异和关系，从而形成了区域海洋学。

海洋卫星探测

海洋科学的基础性分支学科的研究成果，是整个海洋科学的理论基础，对海洋资源的开发利用和海洋环境工程等生产实践起着指导作用。由于现代科学技术发展迅速，海洋资源开发技术日新月异，因此，需要专门研究如何把基础理论研究成果转化到实践中去，解决生产技术问题。这样，在海洋科学研究中就逐渐分化出一系列技术性很强的应用学科和专业技术研究领域，如海洋工程。最初，它是为海岸带开发服务的海岸工程，即海岸防护、海涂围垦、海港建筑、河口治理等。到了20世纪后半期，人类将探寻蛋白质和能源的目光投向了海洋，因此海洋工程除了包括人们熟知的海洋石油、天然气开采外，还包括深海采矿、经济生物的增养殖、海水淡化和综合利用、海洋能的开发利用、海洋水下工程、海洋空间开发等。海洋科学研究成果的应用，由于服务对象不同，还相应地形成一些相对独立的应用性学科，如海洋水文气象预报、航海海洋学、渔场海洋学、军事海洋学等。

随着现代海洋开发的迅猛发展，海洋环境污染事件多有发生，人类在开发海洋的同时并没有顾及或不够注意海洋环境的承受能力，因此使海洋环境，尤其是河口、港湾和海岸带区域受到了人为的污染。这不仅影响了海洋资源的进一步开发利用，甚至对人体健康造成了危害。20世纪50年代以来，随着人们对海洋环境问题认识的深化，海洋环境科学逐步形成，到了20世纪70年代，已基本确定了本学科的地位。

以上是现代海洋学研究的学科分类及其体系结构的梗概。但是，如同其他自然科学研究一样，任何学科分类和体系都不是最终的封闭系统，随着对海洋研究的深入和拓展，海洋科学的学科分类和体系将不断地更新。

海陆分布

茫茫宇宙中，地球只是沧海一粟。从太空中遥望地球，其湛蓝色的外衣又给地球带来“水球”的外号。根据科学家计算，地球的表面积约为5.1亿平方千米，海洋占据了其中的70.8%，而陆地还不到1/3，也就是说，人类居住的广袤大陆实际上不过

地球上的大洋是相互连通的，构成统一的世界海洋

是点缀在一片汪洋中的几个“岛屿”而已。

地球上的大洋是相互连通的，构成统一的世界海洋。根据海陆分布形势，可把世界海洋分为四大洋：太平洋、大西洋、印度洋和北冰洋。其间没有什么天然的界线，通常以水下的海岭或某条经线为界。

地球上大小不等的陆地被海洋分隔开来。面积较大的陆地称之为大陆，而面积较小的陆地称之为岛屿。大陆及其附近的岛屿合称为洲。这样，海洋包围着六大陆：亚欧大陆、非洲大陆、北美大陆、南美大陆、南极大陆和澳大利亚大陆。

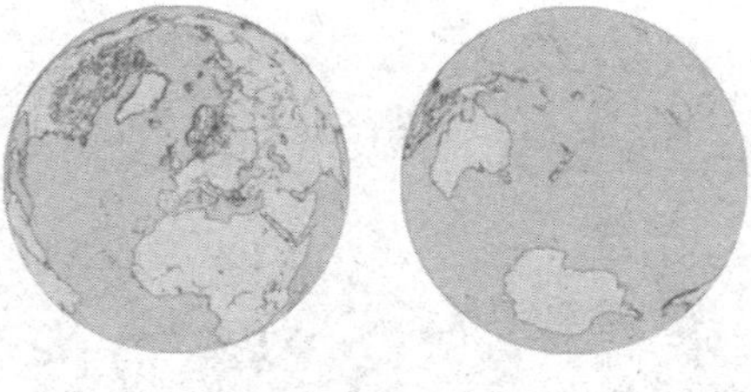

陆半球和水半球示意图

南北半球在海陆分布方面是不均匀的。北半球集中了全球67%的陆地面积，而南半球集中了全球57%的海洋面积。海洋面积在北半球约占海陆总面积的61%，在南半球约占81%。北纬60°至70°一带陆地面积占海陆总面积的71%，而南纬56°至65°之间几乎没有陆地，因而有人把北半球称为陆半球，把南半球称为水半球。

海陆分布的另一个特点就是对称性。比如，南极是陆，北极是洋；北半球中高纬地区是大陆集中的地方，而南半球相应纬度区却是三大洋连成一片。

海与洋的划分

海洋的划分

我们常说的海洋，是人们的习惯性称谓，它作为一个统称，其主体是海水，同时还包括海里的生物、临近海面的大气、围绕海洋边缘的海岸以及海底等。同时，海和洋也是有区别的，它们是两个不同的概念。“洋”犹如地球水域的躯体，是海洋的中心部分；而“海”则是肢体，是海洋的边缘部分，与陆地相连。海与洋彼此沟通，组成统一的世界海洋。

洋和海的主要差别体现在五个方面：即面积、水深、潮汐系统、受陆地影响程度以及沉积物。

洋远离大陆，面积广阔，约占海洋总面积的89%，水深一般在2,000～3,000米以上，最深达10,000多米。

水文要素如温度、盐度等不受大陆影响，水色多为蓝色，透明度较大。洋一般都有独立的潮汐系统和强大的洋流系统。其沉积物多为钙质软泥、硅质软泥和红黏土等海相沉积物。

海作为洋的边缘部分，它紧靠陆地，深度较浅，一般在 2,000 米以下，与洋相比，它面积较小，约占海洋总面积的 11%。水温和盐度受大陆影响较大，并有明显的季节变化。在淡水流入少、蒸发量大、降水量少的海区，盐度较高；在有大量河水流入、蒸发量较小、降水丰富的海区，盐度较低。海一般没有独立的潮汐系统和洋流系统。海底沉积物多为砂、泥沙、淤泥等陆相沉积物。

按所处的地理位置不同，海可以分为边缘海、陆间海和内海。位于大陆边缘，以半岛、岛屿或群岛与大洋分隔，但是水流交换通畅的海，被称为边缘海，如阿拉伯海，日本海以及我国的黄海、东海、南海等。深入大陆内部，仅有狭窄的水道与大洋相通的海被称为内海，如红海、黑海以及我国的渤海等。处于几个大陆之间的海，是陆间海，如欧亚非大陆之间的地中海和中美洲的加勒比海。

四大洋

地球表面的海洋面积为 36,100 万平方千米，太平洋占 49.8%，大西洋占 26%，印度洋占 20%，北冰洋占 4.2%。太平洋占世界海洋面积的将近一半，其他三大洋合起来占一半。

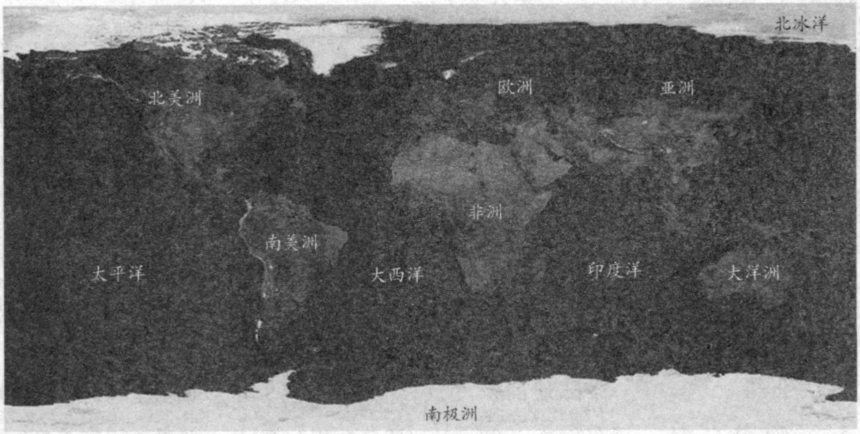

四大洋分布情况

太平洋是面积最大的大洋。东西最宽 19,900 千米，南北最宽 15,900 千米。北有白令海峡与北冰洋相通，东有巴拿马运河、麦哲伦海峡、德雷克海峡沟通大西洋，西经马六甲海峡、巽它海峡和龙目海峡，东南印度洋海丘、托莱斯海峡和帝汶海等沟通印度洋。

太平洋是最深的大洋。平均水深为 4,028 米，最大深度在马里亚纳海沟，水深为 11,034 米。全世界有 6 条万米以上的海沟，全部集中在太平洋。太平洋海水容量为 72,370 万立方千米，居世界大洋之首。

太平洋是岛屿和边缘海最多的大洋，有岛屿 1 万多个，面积 440 多万平方千米，主要分布在其西部和中部。东部海岸线平直，陆架狭窄；西海岸分布着岛屿，海岸线曲折，海湾众多，陆架宽广。

“太平”一词即“和平”之意，据资料记载，最早是由西班牙探险家巴斯科发现并命名的。16 世纪，西班牙的航海学家麦哲伦从大西洋进入太平洋，航行其间，天气晴朗，风平浪静，于是也不约而同地把这一海域取名为“太平洋”。但太平洋并不太平，它是世界大洋中发生地震、火山喷发最频繁的大洋。

大西洋是世界第二大洋。其面积是太平洋的一半稍多一点。呈南北走向，似“S”形的洋带，南北长，东西窄，因此，大西洋是跨纬度最多的大洋。该大洋位于南、北美洲和欧洲、非洲、南极洲之间，北以冰岛——法罗岛海丘和威维尔——汤姆森海岭与北冰洋分界；南临南极洲并与太平洋、印度洋南部水域相通；西南以通过南美洲最南端合恩角的经线同太平洋分界；东南以通过南非厄加勒斯角的经线同印度洋分界；西部通过南、北美洲之间的巴拿马运河与太平洋沟通；东部经欧洲和非洲之间的直布罗陀海峡通过地中海，以及亚洲和非洲之间的苏伊士运河与印度洋的附属海红海沟通。

印度洋位于亚洲、非洲、大洋洲和南极洲之间，全部水域都在东半球，是世界第三大洋，因位于亚洲印度半岛南面，故名印度洋。

印度洋北边封闭，南边开阔，其北部海岸线曲折，东、西、南三面海岸陡峭平直。印度洋底有复杂的地貌景色：比如“人”字形大洋中脊，特殊的东经 90 度海岭，巨大的水下冲积锥等。由于印度洋主体位于赤道带、热带和亚热带范围内，故被冠以“热带海洋”的名称。由于印度洋与亚洲大陆的交互作用，印度洋北部形成世界上特有的季风洋流。

北冰洋大致以北极为中心，介于亚欧和北美洲之间，故有人称其为北极地中海；其面积最小，水深最浅，常年覆盖冰层，是最寒冷的大洋；它海岸线曲折，具有世界上最宽的大陆架。北冰洋有两大奇观，第一大奇观是那里一年中几乎一半的时间全天是漫漫长夜，而另一半则只有白昼而无黑夜，从而形成北冰洋上的一年仿佛只是一天的神仙境界；第二大奇观是北冰洋可常见的极光现象，变幻无穷、绚丽夺目。

从海洋学而不是从地理学的角度，一般把三大洋在南极洲附近连成一片的水域称为南大洋或南极海域。南大洋是世界上唯一一个完全环绕地球而没有被大陆分隔开的大洋。由于南极洲有 2～2.5 千米厚的冰覆盖，致使陆架深而窄，陆坡陡峭，洋底很深。它具有独特的潮波系统和环流系统，既是世界大洋底层水团的主要形成区，又对大洋环流起着重要作用。南极洋流是世界上最长的洋流，总长 21,000 千米，流量为每秒 1 亿 3 千万立方米，等于全世界所有河流流量总和的 100 倍。

海峡和海湾

1. 海峡

海峡是位于两个大陆或大陆与邻近的沿岸岛屿或者岛屿与岛屿之间，两端连接两大海域的狭窄通道。它是由海水通过地峡的裂缝经长期侵蚀，或海水淹没下沉的陆地低凹处而形成。海峡一般水较深，水流急且多涡流。海峡内的海水温度、盐度、水色、透明度等水文要素的垂直和水平方向的变化较大，其底质多为坚硬的岩石或沙砾，较少细小的沉积物。

海峡不仅是交通要道、航运枢纽，而且历来是兵家必争之地。它们有的沟通两海（如台湾海峡沟通东海与南海），有的沟通两洋（如麦哲伦海峡沟通大西洋与太平洋），有的沟通海和洋（如直布罗陀海峡沟通地中海与大西洋）。因此，人们常把它称之为“海上走廊”、“黄金水道”。全世界共有上千个海峡，其中著名的约有 50 个。

世界上最长的海峡是位于非洲东南部国家莫桑比克与马达加斯加之间的莫桑比克海峡，长达 1670 千米。因它又宽又深，可通巨轮，因此成为南大西洋和印度洋之间的重要通道。

莫桑比克海峡

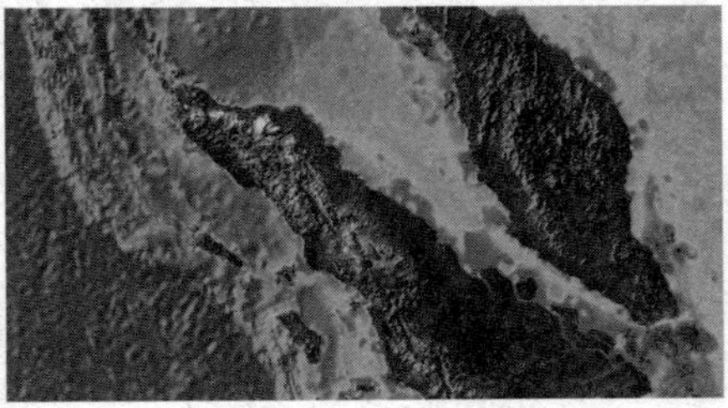

马六甲海峡

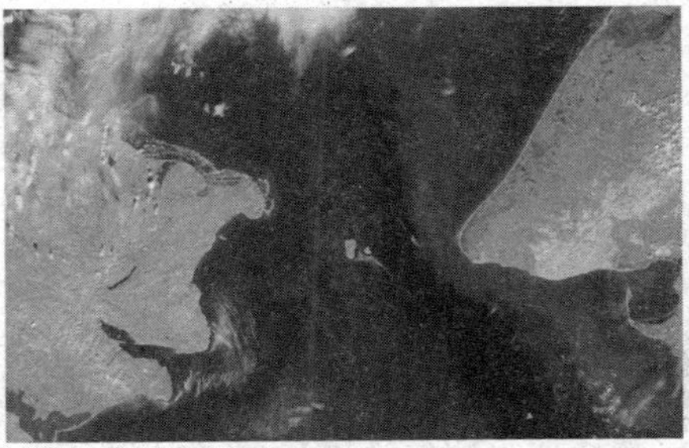

白令海峡

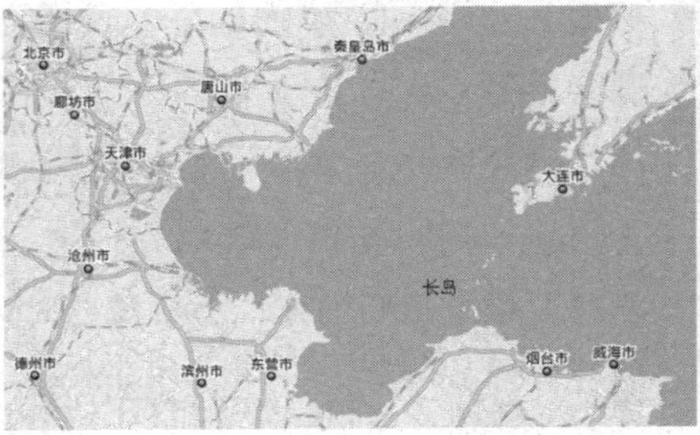

渤海海峡

德雷克海峡

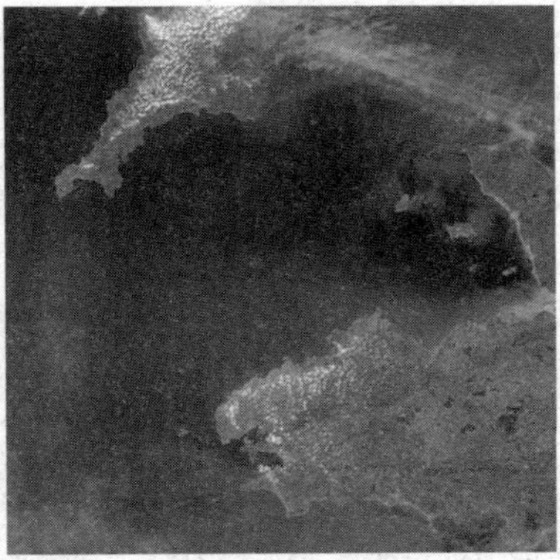

英吉利海峡

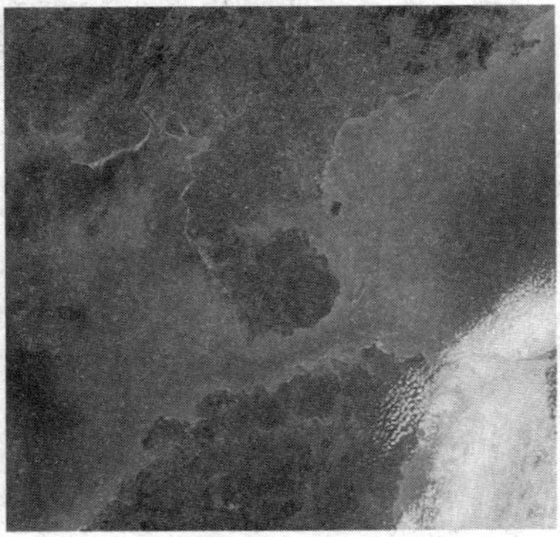

琼州海峡

头戴两项“世界之最”桂冠的海峡是位于南美大陆和南极洲之间的德雷克海峡。它是世界上最深的海峡，最深处达5248米，同时它又是世界上最宽的海峡，南北宽达9704米，成为世界各地通向南极的重要通道。

马六甲海峡，位于马来半岛与苏门答腊岛之间，人称东南亚的“十字路口”。

英吉利海峡是大西洋的一部分，位于英格兰与法国之间，日通行船只在5000艘左右，成为世界上最繁忙的海峡。

直布罗陀海峡位于西班牙伊比利亚半岛最南部和非洲西北角之间，是地中海通向大西洋的唯一出口。从霍尔木兹海峡开出的油轮，源源不断地将石油运往欧美各国，因此霍尔木兹海峡被人们称为“西方世界的生命线”。

白令海峡则身兼多职，它是连接太平洋和北冰洋的水上通道，也是两大洲（亚洲和北美洲）、两个国家（俄罗斯和美国）、两个半岛（阿拉斯加半岛和楚克奇半岛）的分界线。国际日期变更线也从白令海峡的中央通过。

我国的海峡主要有三个，分别是台湾海峡、渤海海峡和琼州海峡。

台湾海峡：位于我国台湾省与福建省之间，沟通东海和南海，呈东北至西南走向，全长280千米，为我国最长的海峡。因它濒临我国第一大岛——台湾岛，故称它为台湾海峡。台湾海峡纵贯我国东南沿海，由南海北上，或由渤、黄、东海南下，必须经过这里，俗称我国的“海上走廊”。

渤海海峡：位于黄海和渤海，山东半岛和辽东半岛之间，是渤海内外海运交通的唯一通道。海峡宽约90千米，向东连接黄海，向西连接渤海，是联系黄海和渤海的咽喉要道。

琼州海峡：位于海南岛与广东省的雷州半岛之间，东西长约80千米，南北宽度20～40千米不等，平均宽度为29.5千米。琼州海峡西接北部湾，东连南海北部，呈东西向延伸，是东南沿海进入北部湾的海上要冲。

2. 海湾

海或洋伸入陆地，深度逐渐变浅形成明显水区的海域称为海湾。通常三面为陆，一面为海，呈“U”形及圆弧形等，可与其主体部分进行自由的水体交换。其深入大陆的最远处称为湾顶，与外海相通的地方称湾口，湾口两岸海角间的连线为海湾与外海的分界线。

海湾由于特定的地形条件，即它的深度和宽度向陆地逐渐变小，其水文状况具有某些独特的性质，主要表现为潮差较大。例如，北美洲的芬迪湾，是世界上潮差最大的地方。

海湾由于两侧岸线的遮挡，在湾内形成波影区，使波浪、潮汐的能量辐散、降低，风浪扰动小，水体平静，易于泥沙堆积。沉积物在湾顶沉积而形成海滩。当运移沉积物的能量不足时，在湾口、湾中形成的“拦湾坝”，分别称为“湾口坝”、“湾中坝”。

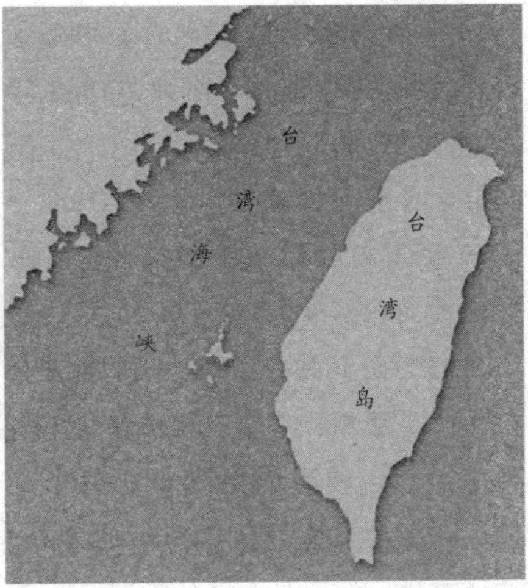

台湾海峡

海湾地处陆地边缘，是人类开发利用海洋的重要区域。过去，人们在海湾捕鱼、航海，今天，它是现代海洋开发的基地。大的海湾，可以进行海洋的综合开发；较小的海湾，人们则根据其资源优势来从事不同类型的海洋开发活动。例如，水深浪小的海湾，适宜于船只停泊，成为海港；油气资源丰富的地方，适宜成为石油开采的海湾；气候宜人，风景秀丽的海湾，适合发展海滨旅游；地势平坦、潮汐带辽阔的海湾，适宜进行滩涂养殖。

随着现代海洋开发的迅速兴起和陆地上工业区向海岸带迁移，沿岸海区污染日益严重，海湾因其自然条件而首当其冲，成为最容易污染的地方。因此，在开发利用海湾的同时，保护海湾环境已刻不容缓。

世界上大大小小的海湾甚多，主要分布于北美、欧洲和亚洲沿岸，其中较大的有 240 多个。有些海湾，如北大西洋的墨西哥湾、印度洋的孟加拉湾和波斯湾等，实质上是海。

中国海岸线曲折，海湾众多。大体而言，面积在 10 平方千米以上的海湾有 150 余个。中国海湾的特征是：杭州湾以北，以平原性海湾为主，数量少，规模面积大，开阔壮观，如辽东湾、渤海湾、莱州湾、海州湾等；而杭州湾以南，多为山地丘陵基岩性海湾，数量多，范围小，狭长而海岸曲折，如三门湾、罗源湾、钦州湾等。

杭州湾位于中国浙江省东北部，是典型的喇叭形海湾。杭州湾的形成与长江三角洲的伸展和宁绍平原的成

杭州湾

陆密切相关。泥沙以海域来沙为主，其中长江来沙对杭州湾的形成起着重要作用。物质以颗粒匀细的细粉砂为主，极为松散，抗冲能力小。冰后期海侵以来，长江三角洲的南沙嘴曾伸展到王盘山。公元3～4世纪后，由于长江流域山地大量开发，固体径流增多，三角洲迅速向东发展，湾口东移。湾口地形改变使外海潮流更加受到约束，促进潮流强度增加，从而又引起湾内地形的改变。

目前，杭州湾湾口宽达100千米，自口外向口内渐窄，到澉浦仅为20千米。湾底形态自湾口至乍浦地势平坦，从乍浦起，以0.1‰～2‰的坡度向西抬升，在钱塘江河口段形成巨大的沙坎。湾底的地貌形态和海湾的喇叭形特征，使这里常出现涌潮或暴涨潮。杭州湾以海宁潮（钱塘潮）著称，是中国沿海潮差最大的海湾，历史上最大潮差曾达8.93米（澉浦）。湾外为舟山群岛。

3. 海平面

海平面是海的平均高度，指在某一时刻假设没有潮汐、波浪、海涌或其他扰动因素引起的海面波动时海洋所能保持的水平面。其高度是利用人工水尺和验潮仪长期观测而得。一般地，各个国家都采用一个平均海水面作为统一的高程基准面，由此高程基准面建立的高程系统称为国家高程系。1985年前，我国采用以1950—1956年青岛验潮站测定的平均海水面作为高程基准面，称为“1956年黄海高程系”。1985年开始启用“1985国家高程基准”（以1952—1979年青岛验潮站测定的平均海水面作为高程基准面）。

海平面其实并不平，其原因有二。一是涨潮、落潮、风暴和气压高低等因素，使海面始终不能归于平静；二是各个地方海底地形的差异。一般来说，海底是山脉的地区，海面就比其他海域高一些；而海底是一个盆地的地区，海面就比其他海域要低一些。比如，同是大西洋海域，波多黎各海下是一片凹地，因而这一地区的海面就比周围地区明显要低；而巴西东部由于海下有一座3500米的海岭，所以这里的海面就比周围其他地区要高。但是，因为海平面凹凸的变化在1000千米以上的广泛范围内逐渐变化，所以不容易被航海者察觉。

海平面高度并不是一成不变的，它是海水量、水圈运动、地壳运动和地球形态变化的综合反映，是地球演化的一个重要方面。这种变动不仅有短期的，也有长期的。短期的变动，如日变动、季节性变动、年变动和偶发性变动等，主要与波浪、潮汐、大气压、海水温度、盐度、风暴、海啸等因素有关，其升降幅度小，一般是局部的；长期的变动，即地质历史期间的海平面变动，其变动幅度大，区域广，甚至是全球性地引起沧海桑田的转换。因此研究海平面变化规律，预测其发展趋势，对研究第四纪地质、新构造运动、探索气候变化规律以及对于人类生活和生产都是极为重要的。

海岸带

海岸带是指海洋和陆地相互交接、相互作用的地带。这里也是地球上水圈、岩石圈、大气圈和生物圈相互作用最频繁、最活跃的地带，兼有独特的海、陆两种不同属性的环境特征。它包括紧临海岸的一定宽度的陆域和海域，是陆地和海洋的天然分界线。

无论是海洋还是陆地，都不是静止不变的。在自然界各种力的作用下，陆地的地形，海洋的深度，海岸的轮廓都处于不断地变化之中。

那么，到底是什么力量使海岸形成并发生改变的呢？

海洋学家的回答是：海浪。

当地球上有海陆分布以来，海浪便不断地拍打着海岸，海洋中不停地产生的波浪周而复始地一波又一波地向海岸涌去。

海风是形成和推动海浪形成的主要力量之一。通常在无风的日子，海面只有浅浅波纹，这便是我们所称的风平浪静，但有时并不如此，即使在无风的时候，还会有其他海区的海浪传来扑向海岸。而当微风吹起，立刻就可看到浪花涌向沿岸或沙滩的景象。至于暴风雨来临，那惊涛骇浪的景象就更加壮观了。

潮汐在近岸周期性的传播也称为潮波，它的涨退是海浪的力量源泉之一。当退潮时，我们可看到岸边的海浪会减弱；涨潮时，我们甚至能看到万马奔腾似的海浪拍击岸边的景象。

海浪冲击海岸，形成三种侵蚀力量。第一种是浪花迸裂后跌落地面所造成的水压；第二种是海浪扑向岩石，压迫岩石缝隙中的空气而产生的力量，就像空气枪压迫空气的原理一样，这样的力量可以压迫岩石，使细小的裂缝逐渐变宽；第三种是海浪带动大小石块、小沙粒，在岸边来回滚动所造成的磨蚀作用。在上述三种海浪力量的作用下，世界上没有哪个海岸能保持其原来的面貌。

根据不同的成因和景观，海岸一般分为三大类型：山地丘陵海岸、平原海岸和生物海岸。

山地丘陵海岸：这种海岸由比较坚硬的岩石组成。

山地丘陵海岸

人们往往看到，山水之间，气势磅礴的海水向海滩呼啸奔驰，卷起白沫飞溅的浪花。海水或直入山麓，环抱山岭，或绕过山脚伸入山岙，形成弯弯曲曲的海岸；这些岸线曲折、岬湾相间的海岸称为山地丘陵海岸，也称为石岸。

石岸的景色不完全相同，其形成和变化是海岸在波浪作用下不停地发生变化的过程。起初，在突出的海岬地区，波浪在该处“折射”，能量聚集，使该处遭受波浪的冲刷和打击力最强。岬角的岩石在波浪冲击与压力作用下崩裂破坏，破碎的岩屑又被波流夹带，像钻具一样，进一步凿磨、削刮岩石，这样使得岬角与海面相交接的地方被掏蚀后退，形成向海的凹穴，这种现象叫海蚀穴。海蚀穴不断被波浪掏蚀扩大，使得上部失去支持而崩塌下来，这样岬角就逐渐后退，造成了断崖陡壁，这种海滨陡崖叫海蚀崖。随着岬角向陆地后退，在海蚀崖前方造成一个崎岖不平的岩石滩地，简称为岩滩；岩滩上常有些残留的坚岩，有的成为石柱状，叫海蚀柱；有的成为门拱状，叫海穹；还有的成为蜡烛状、石林状等。人们常常根据它的形状称其为石公公、石婆婆、石蘑菇等，例如大连附近的黑石礁、青岛的石老人以及海南岛崖县的天涯海角等，都是岬角后退、残留于岩滩上的海蚀柱。

当岬角逐渐后退，而前方的岩滩增宽到相当距离后，这时波浪作用在它上面的力量已完全消耗尽，而达不到海蚀崖，因此，海岬的后退就减缓而趋于稳定了。

平原海岸

岬角遭受破坏后退，形成的大量岩屑、泥沙在水中逐渐变细，海浪将它们沿岸推移，并搬运到海湾中停积下来。泥沙首先堆积在水深最浅、波浪作用力最小的海湾顶部，形成深受人们喜爱的海滨沙滩。随着泥沙的积聚，海滩逐渐变宽，使得海岸向海推移。波浪还可以在湾中与湾口形成横拦海湾的长条形堆积体，有的成为虎尾状，叫作沙嘴。还有的堆积体宽广巨大，围封了整个海湾，叫做沙坝。当海湾被沙坝围封后，其内侧的水域与大海逐渐隔离，这种被隔离的海湾水域叫做泻湖。泻湖慢慢地淤浅，就使得海湾被泥沙填充而形成了平原。还有的沙坝将海岸与岛屿连接起来，形成陆连岛。

平原海岸：平原与大海直接连接，这里海岸线比较平直，景色相对比较单调。海水不再湛蓝，在浮淤盈野的泥滩间，黄浊的海水在这里奔驰。涨潮时，海水没过平坦的泥滩，落潮后，浅滩上留下一层淤泥。站在岸边极目望去，海天一色。人们把这种宽阔、平坦、与平原相连的海岸称为平原海岸。

在大河河口的地方，河水和海水在此混合，不同的冲蚀作用和堆积作用使这里形成特有的海岸类型。我们把这种受河流的作用而形成的海岸叫做河口三角洲海岸。

生物海岸：风光旖旎的珊瑚礁海岸和生长着茂密的灌木丛的红树林海岸都属于生物海岸，它们是生物繁殖、生活的天堂。

在热带地方，由漂亮的珊瑚虫组成的海岸，叫做珊瑚礁海岸。珊瑚礁海岸分布很广，太平洋中部和西部、澳洲的东岸和北岸、巴西的东岸以及红海的沿岸都有分布。我国海南岛的许多地方和南沙群岛也有珊瑚礁海岸。珊瑚虫具有坚硬的石灰质骨骼，它们在岸旁繁殖生长，使海岸逐渐增长，天长日久，就成为珊瑚礁海岸了。珊瑚虫善于建造树枝状、连生体状或圆球状的小房子，这种小房子小巧玲珑，精美绚丽。珊瑚礁海岸常常产生在近岸的浅水地带，由于珊瑚虫很娇气，对居住条件的要求相当严格。珊瑚礁形成以后，成了岸边的屏障，使海岸不受拍岸浪的冲击。天长日久，珊瑚礁在海蚀作用下会发生破碎，形成沉积物。

珊瑚礁海岸

在风浪比较平静的、由细粒物质构成的滩涂岸段生长着一种海生植物——红树，由红树组成的丛林海岸，称为红树林海岸。涨潮时，潮水淹没了浅滩，树干浸泡在水中，只有树冠露出海面，成为一片浓绿的“海上森林”。红树的生长力是很强的，它能在很短的时间里成长起来。它的枝叶很厚，能够抵抗强烈的阳光曝晒。同时，由于它具有发达的气根和支气根，所以能保护其生活在淤泥中不被风浪冲走。红树的另一特点是种子在离开母体之前，就已发了芽，所以，当树种在海水中摆动时，幼芽就有可能插入泥中，迅速生长。因此，红树林就成了保护海岸的良好“屏障”了。在红树林海岸，常堆积着很厚的淤泥，淤泥里堆积着腐烂的有机质和生长着一些喜盐的植物。

红树林海岸

我国古代对大地构造运动的探索

我国古代对地质现象的认识，充满了卓越的科学见解。《诗经》中就有“高岸为谷，深谷为陵”的记述。沧海桑田是中国古人表述海陆变迁思想的精炼描述，最早出自晋代葛洪编撰的《神仙传·麻姑》。书中记载说：“麻姑自说云，接待以来，已见东海三为桑田。向到蓬莱水浅，浅于往者会时略半也。岂将复还为陵陆乎?”翻译成白话文就是：麻姑对仙人王方平说：“我已经三次看见过东海变为桑田，这次到蓬莱去，我看见那里的海水又比从前减少了一半，难道又要变成陆地吗?”这则故事记录了古代的人们在日常的生活和劳动中应用宇宙的思辨观，结合已有的知识，不断观察自然环境的变化而记录的海陆进退现象。有一个问题值得我们深思：沧海桑田变换的力量来自哪儿呢？是海水的升降？那么这个海水为什么会升降呢？是冰雪结冰和融化，降水量的变化增多？若不是水量的增减，那又是什么原因呢？是陆地在原地升降，导致海水侵入和后退，抑或其他的更深层次的原因呢？

唐代书法家颜真卿在《麻姑山仙坛记》中就提到“高山犹有螺蚌壳，或以为桑田所变”，其意不言自明；北宋科学家的沈括发现太行山的“山崖之间，往往衔螺蚌壳及石子如鸟卵，横譬如带”，他告诉人们“此乃昔之海滨，今东距海已近千里，所谓大陆者，皆浊泥而淹也。”他还在《梦溪笔谈》中多处记录了化石的发现，进而得出了古地理、古气候是在不断变化的结论。

那么地质活动过程是怎么样的呢？

公元前四世纪出现的古籍《山海经》中用我们现代人看来怪异荒诞的神话故事记录了很多地质活动。这些神话传说中有我们大家都很熟悉的如夸父逐日、精卫填海、羿射九日、鲧禹治水等故事，揭示了很多当时的环境特点及变化过程。

古籍资料《淮南子·览冥训》中这样写道：“往古之时，四极废，九州裂，天不兼复，地不周载，火爁炎而不灭，水浩洋而不息，猛兽食颛民，鸷鸟攫老弱，于是女娲炼五色石以补苍天，断鳌足以立四极”。讲的就是传说上古时候，原来的东、南、西、北方向不管用了，神州大地像分裂了。忽然发生了一场自然界的大灾变，天崩地裂，大火燃烧，洪水泛滥，恶禽猛兽残害人民，女娲就熔炼五色石块去修补苍天，砍断大鳌的足去重新建立新的四极。

《淮南子·天文训》中记载："……天受日月星辰，地受水潦尘埃。昔者共工与颛顼争为帝，怒而触不周之山。天柱折，地维绝。天倾西北，故日月星辰移也；地不满东南，故水潦尘埃归焉。"

朱熹说："震荡无垠，海宇变动，山勃川湮。"

以上记载和论述，我们已经看到从古代开始人们已经认识到构造演化理论中最根本的思想，即构造运动的剧变性和旋回性。或许，我们在今后的地质构造理论的发展和创新中，通过在中国古籍中寻找先人记录的现象，会给我们理论研究的突破带来新的契机。

有趣的海盆起源假说

陨星说

这种假说认为，海底的类似圆形的海盆是由太阳系的一些陨石与地球相碰时，在地球表面上压出来的凹痕。比如巨大的太平洋海盆，以及墨西哥湾和西太平洋一系列由岛弧围成的海盆。

陨星说——陨石与地相撞

人们还在陆地上发现一个类似于小太平洋的盆地，叫亚利桑那盆地。这个盆地上除了没有水之外，有平坦的底部，略呈圆形的轮廓，周围还有陡峭的坡面和顺着盆地边缘分布的隆起镶边。考察队员在这个半径几十千米的盆地中发现了大量的陨石碎块，因此认为该盆地是陨石落到地球上时，由爆炸的冲击波压出来的一个陨石谷。

不仅如此，在其他地方也发现类似的陨石谷，全球至少有 13 个。从太空中看，这些陨石谷的形状都类似于太平洋海盆。

可是太平洋海盆实在太大了，有那么大的陨石吗？有人说：很早以前的地球和火星一样拥有多个卫星，至少2个，其中一个因为某些原因速度减慢，在地球的引力下，轨道半径逐渐减小，最后落到地球上，把地球撞出了一个大窟窿，这就是太平洋。然而人们并没有在太平洋找到陨石的痕迹，这是为什么呢？于是有人又提出：这颗卫星和地球相撞时并没有使其破碎，而是在地球上撞出一个窟窿后改变了其运动轨迹，跑到其他地方去了。

一些天文学家曾为这种假说做过数学计算，而地球物理资料表明，太平洋底和墨西哥湾底下岩层密度大，似乎也符合盆地受过强大的外加压力的假说。

关于陨星碰撞的假说，在历史上一直有人提出异议，但最后拿出最有力的证据的是矿物学方面的成绩。

有一种矿物名叫柯石英，又称为“陨石英”，它是在超高压条件下形成的。1957年，科学家在26000～38000帕大气压和450～600摄氏度的条件下利用非晶质二氧化硅获得了该矿物。科学家一直以为在地壳深处能找到这种矿物，但是，1960年7月，几位美国科学家并没有在地壳深处发现柯石英，却在亚利桑那盆地发现了这种自然界中的矿石。上述发现表明：在天然条件下，柯石英是陨石与地球相撞时高温高压下的产物。此后，人们用柯石英去识别陨石谷都被证明是有效的，但太平洋周围以及其底部根本没有发现这种矿石。因此，这种陨星碰撞产生海盆的说法就又存在很大的疑点了。

创痕说

卫星技术的发展，使人类可以通过卫星来整体观察地球的形状了。通过卫星图片，人们发现地球上确实存在着类似月球的环形结构，这些结构

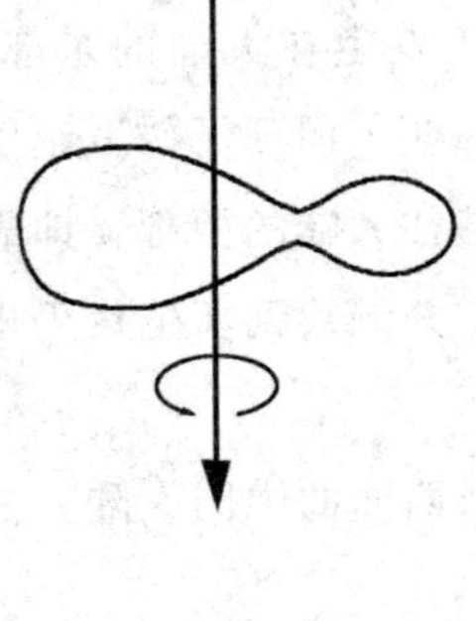

金斯(J. Jeans)所作旋转液体平衡形状实验中所得出的后期阶段的图形(梨状体断面形状)。当椭球形液体加速旋转时，金斯发现这梨形剖面的茎端愈来愈凸出，它与旋转轴之间的扁形部分开始收缩，最后茎部断了，诞生出一个卫星。

在地球上不易发现，其原因是因为长年累月的风吹雨打侵蚀风化了这些地貌，但是在卫星图片上人们可以追溯出这些大环形结构的地貌，它们大小不一，最大的直径可以达到 500 千米。这种环形构造地貌是怎么形成的呢？它是否会提示我们解释太平洋这个最大的环形结构的形成呢？

在 19 世纪末 20 世纪初，人们曾提出过用"月球分离"的假说来解释地球上的海洋盆地的起源，特别是对太平洋海盆的形成。提出进化论的达尔文的儿子小达尔文首先提出这样一种假说：太阳能在地球表面引起潮汐，那么当地球还处在熔融状态时，太阳的引力也能使地球物质产生类似潮汐的运动。这种熔融状态的物质的潮汐作用使地球自转所产生的离心力增大了，在潮汐作用和地球自转离心力共同作用下，地球这个旋转椭球体的形状可以在常轴方向上大大发展。并且，他还计算得出，当地球是均匀的液体的时候，只要其自转周期到达 3 小时，加上日潮的作用就能使赤道上的部分物质脱离地球，飞往地球周围的星际空间，成为围绕地球运动的月球。但是这样小的自转周期在地球形成初期能存在吗？科学家根据地质记录和理论研究证明，行星的自转周期是一个逐渐减慢的过程，但是之前能否达到周期 3 小时还没有任何证据可以证明。

有科学家认为，要使地球物质受引潮力作用而脱离还需要"共振"。由共振所增强的引潮力，大约只需 5×10^5 年就能够克服地球的引力而使地球物质脱离出去。按照月球脱离地球的观点，人们认为："原始的太平洋海盆是地球最亲密的朋友——月球离去后留下的创伤"。因此，人们把这种大洋盆地的见解称为"创痕说"。

对这个假说进行最详尽的论述，并提出最丰富的地质构造和地史资料的是中国的近代地质学家章鸿钊。他考察了太平洋周围的地质发育历史，指出显著的三个地质事实：

（1）在太平洋西岸的中国大陆，从古生代一直到侏罗纪，各期的地层都是相互平行的，但白垩系地层却与其下的地层呈明显的不整合，印度次大陆的地层也有这种现象；至于太平洋东面的北美大陆，则侏罗纪以前的造山运动只限于发生在大陆的东部，即靠近大西洋一侧，但到了侏罗纪以后，造山运动移往大陆的西部，即靠近太平洋一侧，并继续到新生代仍未停息。

（2）太平洋西面的中国大陆，古

生代的构造带都呈东西方向，到了侏罗纪后逐渐变为北北东—南南西的所谓“震旦方向”；太平洋对岸“北美略同”。

（3）从侏罗纪以来，环太平洋地带出现强烈的岩浆活动，由中生代延续至新生代造成地史上最大规模的岩浆活动记录，构成环太平洋“火圈”，此外还伴随以一圈强烈的地震带（地震圈），这一切都表明太平洋周围很不安定，一直到现代仍未终止。

章鸿钊根据这些事实，推论环太平洋的造山运动应当属于同一系统。为了进一步证明这点，他详细举述了自侏罗纪以来，太平洋东岸美洲大陆和西岸亚洲大陆的五期造山运动都有一一对应的关系。

除此之外，章鸿钊还考察了太平洋东西两岸的古生物，环太平洋的深海沟和岛弧构造，以及亚洲和美洲分别向太平洋方面发生“集心”式推进的事实。在做了一系列的分析之后，章氏认为：“唯有假定一共同动源曾发生于太平洋中者，由此传达东西构岸，故新旧两大陆乃同时对之为反应运动。如是，环太平洋之种种地变现象，乃直得一举而说明之”。章鸿钊认为，这种发生于太平洋中的共同动源就是太平洋底的物质从地球本体脱出，形成月球的事件。

章鸿钊主要是根据环太平洋地带地质活动方面所提供的证据来提出其设想的，其结论和小达尔文等外国学者不同之处，主要有两点：

（1）章氏认为在月球脱离以前，太平洋水域就已经存在。月球的脱离不是“剥去了地球上这一区的花岗岩地壳”，而是由大洋基底深处的物质涌出而成的。这点较好地考虑到现代天文学提供的事实，因为月球的平均密度为 3.4（克/厘米^3），不仅大于硅铝层地壳（平均密度为 2.67），而且大于洋底硅镁层（平均密度为 3.0）。

（2）章氏从美洲西岸和亚洲东岸的地质资料出发，认为月球分离的时刻在晚白垩纪晚期，即距今约 11 亿年左右，而不是小达尔文等认为是发生在地球发展的早期，因此不必假定地球在形成之初，曾经整个的处于炽热和熔融的状态。

章鸿钊在其文章中也指出，毕克林算得月球的体积应略等于今日全部海洋盆地下面深 58 千米的岩石总体积，或者说月球的体积应比太平洋盆地的容积大 37 倍，这是不容忽视的事实。如果在中生代末这样晚近的时期，从地球上抽去了这一团占整个地球体积的 1/50，质量达 1/80 的巨大物质，地球怎么能还保持着完整的球形？

虽然很多月球物理信息取得的直接资料，都有利于月球诞生于地球的假说，但是都还没能解答上述提到的一些问题。因此，这种假说虽然能解释一些地质现象，但它遇到的困难还不少。

地壳的水平运动理论

在海洋盆地的起源方面，20 世纪内发展起一种同地壳的水平移动有关的思潮，内容很广，它不但被用来解释地球上海洋盆地的成因，而且还涉及造山运动和地壳发展的一般过程。自从 20 世纪初德国地球物理学家魏格纳初次提出“大陆漂移论”以来，发现有愈来愈多的事实似乎都可以用地壳的大规模水平移位来说明。

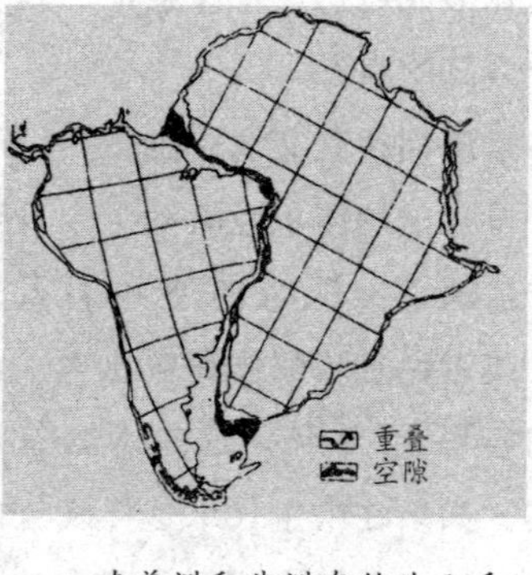

南美洲和非洲在约为 1 千米深度的拼合

特别是 60 年代中期出现了洋底扩张和板块构造理论，对许多地质现象从不同于过去的角度加以解释，被西方的一些研究者称为“地质学上的一次革命”。

1. **大陆漂移**

魏格纳的大陆漂移假说的根据首先是相隔大洋的两块大陆的相似性和连续性，包括海岸线的形状、地层、构造、岩相、古生物、古气候、大地测量、地球物理等其他方面的证据。魏格纳为了证实他的假说，曾搜集了大量的资料，但是有些论据说服力不强，有些资料还是错误的。假说中一个严重弱点是他假设大陆在海底上漂移就仿佛船在水中航行一样。然而从硅铝层和硅镁层的相对强度来看，这是不可能的。除此之外，在魏格纳时代，还未发现地壳中有大规模水平位移的正面证据。由于以上这些原因，这个假说到了 40 年代就几乎无声无息了。到 50 年代后期，发现了新的有说服力的证据，大陆漂移的假说才重新被人们挖掘起来，并得到了发展。

第一个证据是近年来的观测表明大规模的水平断裂和位移是存在的。最著名的是北美西部的圣安德烈斯大断层。它一部分穿过陆地，一部分通

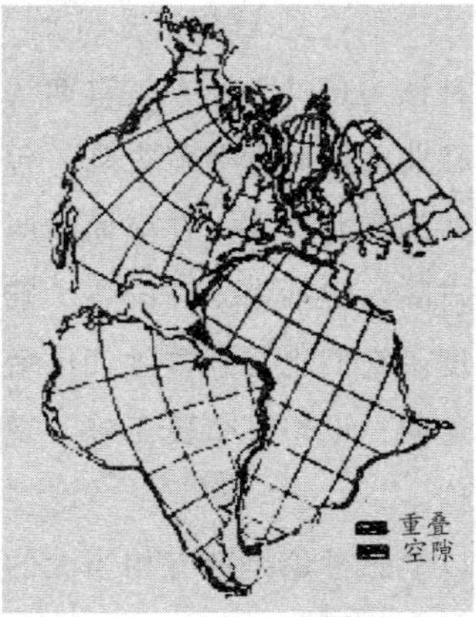

美洲、非洲、欧洲、格陵兰的拼合

过海底。这个断层在约1,000万年期间至少移动了四五百千米。在环太平洋地区，如我国台湾地区、菲律宾、新西兰、南美洲等都还有其他的水平大断裂。这些都是经过大陆的。近年来的海上地球物理探测还发现海底大断裂的水平错位甚至比陆地还大，如北美西海岸外的大洋中的门多西诺断层错位了1140千米，在它南面的默里断层移动了680千米等。其他大洋中也发现有类似的现象。

第二个证据是大陆边缘的拼合。启发大陆漂移设想的重要事实之一是南美洲的东海岸与非洲的西海岸的相似性，但有人认为这个相似是偶然的，因为将地图上的这两条海岸线真正去拼合时，又有许多处并不符合。其实海岸线的形状受海面变化的影响很大，即使南美洲和非洲原来确是一块，在分裂了漫长的地质年代以后，也很难期望它们的海岸线仍然吻合。合理的比较应当以较深的边缘（如大陆坡）为标准。另外，比较的时候，两块大陆应当摆在什么相对位置上，也要有个标准，而不应只凭直观。布拉德等人采用了最小均方误差的方法，根据最精确的海深图和电子计算机运算，将南美洲和非洲在深度约为1千米的大陆边缘上拼合起来。拼合时，重叠和空隙处都表示在图上，平均误差只有88千米。用同样方法，他们将南美洲、非洲、欧洲、北美洲、格陵兰都拼在一起，发现如将西班牙做些转动，可使拼合的平均误差不超过130千米。某些古地磁的观测表明，西班牙在三叠纪的晚期可能转动过。当然，以上的拼合方案并非唯一可能的。根据地质或其他方面的考

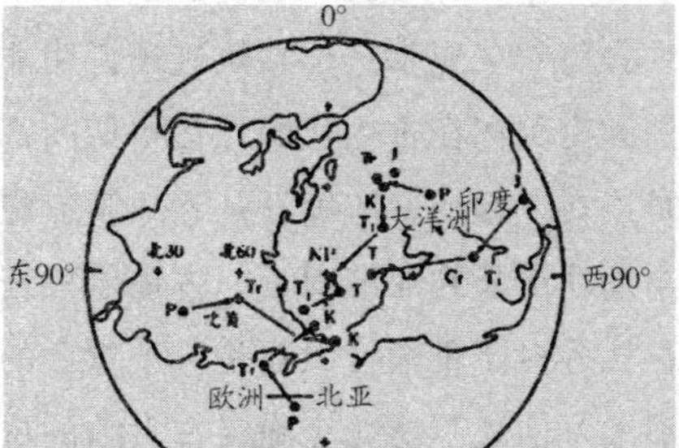

二叠纪以来，四个地块的古地磁极迁移轨迹

虑，还可以有其他的拼合方案，不过差别都不大。重要的是，这些拼合的结果给人一种印象：某些大陆原来很可能连在一起，以后才分开，特别是非洲和南美洲就是如此。

第三个证据是古地磁极的迁移。岩石在由热变冷的凝固过程中，因受当时地磁场的磁化而取得了磁性。岩石磁化的方向与当时地磁场的方向是一致的。如果岩石所在的大陆在地质时期曾发生过移动，则由岩石磁性所定的地磁极和现在的地磁极位置是不一致的。岩石的年龄是可以测定的，这就可以做出各大陆的地磁极迁移轨迹。

图中所示的四个地块的古地磁极迁移轨迹都汇集在现在的地磁极附近，但在以前的地质时期则相距很远。这就是说，大陆在漂移。自二叠纪以来，最大相对位移超过了 90°，约合每年 4 厘米。位移轨迹还说明非洲和南美洲在古生代的几亿年期间都是连在一起的，印度只是到了第三纪早期才漂移到亚洲附近。古地磁极迁移轨迹对于重建古大陆是一个重要的参考，但还不能完全确定古大陆的位置，还需要其他的数据和假定。关于古大陆的问题，现有两种设想：一种认为地球上原来只有一块泛大陆，叫做联合古陆，到三叠纪才开始分裂。另一种认为地球上原来就有两块泛大陆，在北面的叫做劳亚古陆，包括欧洲、亚洲和北美洲；在南面的叫做冈瓦纳古陆，包括南半球的各大陆，还有印度。它们也是到古生代以后才分裂。这两种设想哪个更正确，现在尚无定论。

以上三种论据都有相当大的说服力，但大陆漂移的假说，在它的旧形式下，还是不能回答大陆为什么能够在强度很大的硅镁层中漂移的问题。下面讲述的海底扩张学说给出了答案。

2. 海底扩张

海洋的平均深度约为 4.5 千米。海底的地壳大致是分层的。海底以下主要有三层：第一层是未凝结的沉积物，厚度变化很大，约为 0～2 千米，密度为 1.46 克/厘米^3，地震纵波的速度为 2 千米/秒。第二层是凝结的海洋沉积和玄武岩，厚度约为 0.5～2 千米，密度为 2.4 克/厘米^3，地震纵波速度为 4.6 千米/秒。第三层是铁镁质的岩石，厚度很均匀，约为 4.7 千米，密度为 3 克/厘米^3，地震纵波速度为 6.7 千米/秒。这是海洋地壳的主要岩层，以前曾叫做玄武岩层。海洋地壳以下即是地幔。第三层底部即是 M 间

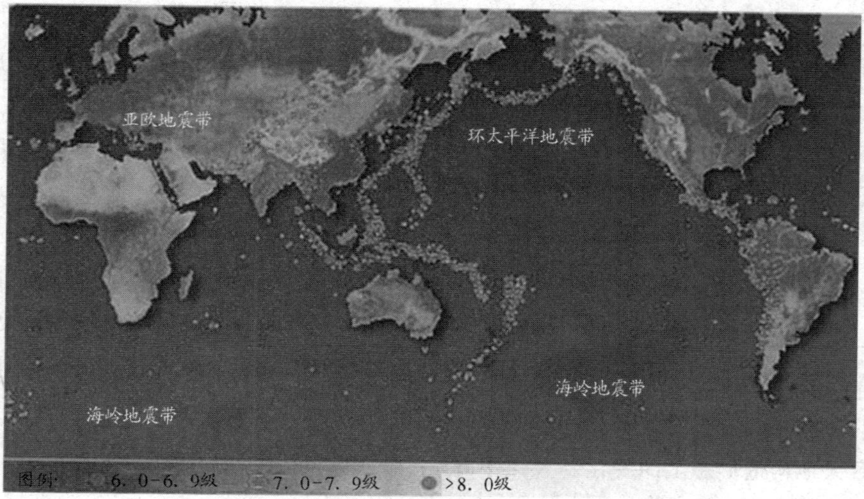

全球地震分布带示意图

断面（或叫做莫霍界面）。多数人认为M间断面是一个化学成分的分界面，而不是一个相变分界面。地幔顶部的密度是3.3克/厘米^3，地震纵波速度约为8.1千米/秒，但岩石是否是橄榄岩还是有争议的。

除了众所熟知的环太平洋地震带和欧亚地震带外，在大洋中还有一个极长的弱地震带。这个地震带下面是绵延的大洋中脊。大西洋中脊很早就已发现了，以后在太平洋和印度洋也发现有大洋中脊。在大洋中那条狭窄的地震带正标志着大洋中脊的位置。这些大洋中脊其实就是海底的巨大破裂带，全长约有8万千米。在大洋中脊上，第三层的地震纵波速度比正常值小，只有4～5.5千米/秒，它下面一层中的地震波速度约只有7.4千米/秒。M间断面在此地也不明显，地面热流则比其他地区要高。

海底扩张的假说：虽然海洋盆地是很老的，但海底却比大陆要年轻得多。现在还未在海底发现比侏罗纪更老的岩石。海底沉积的厚度很薄，海底火山的数目也比较少。这一切都说明海底的年龄不过几亿年。根据海底的一般情况和年轻的特点，在60年代初期，赫斯（H. H. Hess）和迪茨（R. s. Dietz）分别提出了一个海底扩张假说。其要点如下：

（1）地壳运动的动力主要来自地幔物质的对流，其速度每年约一至几厘米。对流发生在软流层内，它所产生的拽力作用于岩石层（圈）的底部，而不是作用于地壳的底部。大陆岩石层和海洋岩石层的强度是大致相同的。

（2）底岩石层坐落在对流循环的顶端之上，由发散区向外扩张，又由汇聚区流入地下。这个循环系统的尺度可达到几千千米。在地质时期里，对流循环的位置是有变化的，因此导致大地构造形态上的变化。大洋中脊坐落在对流的上升区，海沟在下降区。海岭上的热流较高是上升对流的标志。海岭两边的地形崎岖不平是海底扩张造成的。海底的死火山和平顶山离海岭愈远，年龄愈大，这也是海底扩张的结果。

（3）流的形态是地球内部情况所决定的，与大陆的位置无关。大陆只是像坐在传送带上，随着硅镁层一起流动。当大陆达到对流的汇聚点时，因较轻，便停在上面，而硅镁层则由大陆下面埋入地下。所以大陆是处于压应力状态之下，而海洋盆地则处于张应力的状态之下。若大陆是驮在岩石层上一起漂移，它的前缘并不受力，因而是稳定的，这相当于大西洋海岸的情况。若硅镁层由硅铝地块下流过，则大陆边缘将挤成山脉，这相当于太平洋海岸的情况。海底及其上面的沉积物在对流汇聚地方下沉，一部分受到挤压、变质与大陆熔结在一起，另一部分则沉入软流层。

（4）大洋中脊不是永久的形态，它的寿命不超过二三亿年。对流改变形态，大洋中脊也就下沉了。海底以每年几厘米的速度扩张，整个海底每三四亿年就更新一次。这就解释了海底沉积为何那样薄、海底为何没有比中生代更老的岩石的原因。

（5）地球的总体积基本上是恒定的，海洋盆地的容积也基本上不变。

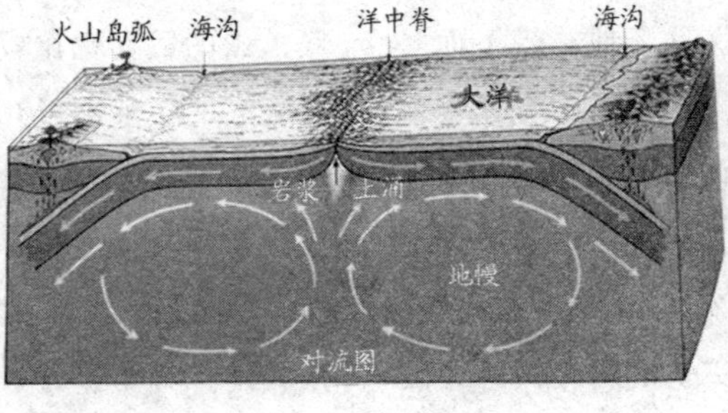

海底扩张示意图

这个假说在刚刚提出的时候，证据是不充分的，但以后更多的观测证明它似乎是可信的，人们认为最突出的证据是地磁场的转向和地磁异常的线性排列。

3. **板块大地构造学说**

这个假说认为地球的岩石层并非整体一块，而是由一些构造活动带割裂，形成几个单元，叫做岩石层板块。勒比雄（X. Le Pichon）最早将全球岩石层分为 6 个大板块，即欧亚板块、美洲板块、非洲板块、太平洋板块、印度洋板块和南极板块。

这些板块的边界并非大陆边缘，而是海岭、岛弧构造和水平大断裂。除太平洋板块完全是水域外，其余都是海陆兼有。6 大板块的划分只是一个初步的方案。随着研究的进展，划分也就更详细，如提出过一个 12 个板块的方案。地面上所释放的机械能量绝大部分都是从一些狭窄的活动带释放出来的，地震活动带就处于板块相互作用和相对运动的边缘。大地构造运动和地震活动基本都是板块相互作用的结果。

板块在地下物质对流作用下，从海岭向两边扩张，在岛弧地区或活动大陆边缘沉入地下，通过软流层完成对流循环。在运动的过程中，各板块是互相制约的，重要的是它们的相对运动。由于板块边界有三种形态，它们之间的作用也有三种形式：海岭地区主要是张力，常造成正断层；岛弧地区主要是挤压，造成逆掩断层；转换断层上的应力主要是剪切，造成平移断层。但是应指出，三种形式不会单独地出现。海沟或是裂谷地区也可能有不小的平移。

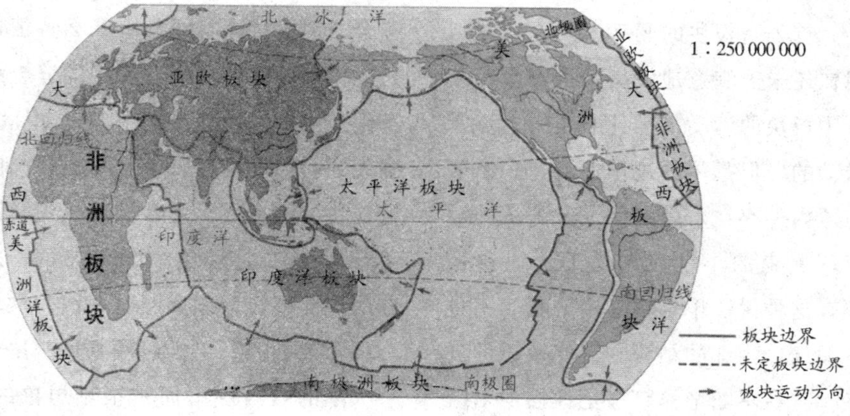

全球六大板块分布

板块假说的提出原是为了解释现代的大地构造和地震活动。对以前地质时期的活动，由于缺乏地震标志，所以很难确定板块边界。板块的边界在地质年代里是有变化的，这同海底扩张的阶段有关。现阶段的海底扩张是何时开始的，尚无定论。有人认为从中生代就已开始，也有人认为是1,000万年以前才开始的。当海底以下的对流系统变换位置时，板块的形态也就随之改观了。

4. 板块大地构造学说存在的问题

新假说自提出后就引起全世界地学工作者的普遍注意，因为它有大量观测数据的支持，并对许多重大的地学问题给出较为满意的解释。但它也是在科学家的质疑中发展并逐步完善和修订的。

首先是板块的驱动力问题，直到现在还未能满意地解决。绝大多数人认为板块的运动是某种形式的对流所带动的，但具体的过程不清楚。由于地球内部存在着间断面，有人认为对流环是扁的，只在600千米以内循环，这种说法很难用理论解释。不过有关地球内部的结构和流变性质的理论一直在不断地修订。全地幔的对流运动是否存在还不能作出结论。因为在全球640,000千米的大洋中脊的裂谷处，同时发出相同规模的岩浆喷溢活动的统一命令，难道是地幔对流动力可以产生的吗？如果地幔对流不是海底扩张的动力来源，那么是什么呢？或许，这也是地质科学家们否定了这个假说以后继续寻找答案的“动力”。

其次，假说初起，特别强调板块的刚性。作为刚体的板块是整体运动的，它的变形主要发生在边界。然而观测表明，在大陆内部，岩石层的断裂褶皱是很剧烈的，远不能看为一个刚体。在大陆板块内部，例如在中国的西南地区和青藏高原，地震震中的分布范围相当广泛，与海洋中的板块边界大有不同。所谓的板内构造运动的研究是板块构造假说的一个发展。

第三，两个板块相碰的地方叫做缝合线。这种缝合线都有什么特征还研究得很不够。早期假说中的缝合线都是在海洋里，只是到了最近才注意到大陆碰撞的问题。印度洋板块与欧亚板块的缝合线大多数学者认为是沿着雅鲁藏布江延伸的。消减带的概念在此处能否应用颇成问题，因为驮着一块大陆的岩石怎样俯冲到另一块驮着大陆的岩石层下面是很难想象的。唯一的可能似乎是两块大陆之间发生大规模的剧烈挤压，从而导致喜马拉雅山的升起。在挤压的过程中，南北两地块上部的地层互相交叉是不难理解的。在青藏高原上，有些地区可以看到由南向北俯冲的地层，而在另一地区也可看到由南向北仰冲的地层。这与海洋岩石层的消减带是不同的。印度洋板块同欧亚板块碰撞，其影响决不限于青藏高原，可以说全部西南亚的现代大地构造格局都打上了这个事件的烙印。

物理海洋

海洋形成说

海洋是怎样形成的？海水是从哪里来的？

对这个问题，目前科学还不能作出最后的答案，这是因为，它们与另一个具有普遍性的、同样未彻底解决的太阳系起源问题相联系着。

现在的研究证明，大约在50亿年前，从太阳星云中分离出一些大大小小的星云团块。它们一边绕太阳旋转，一边自转。在运动过程中，它们互相碰撞，有些团块彼此结合，由小变大，逐渐成为原始的地球。星云团块碰撞过程中，在引力作用下急剧收缩，加之内部放射性元素蜕变，使原

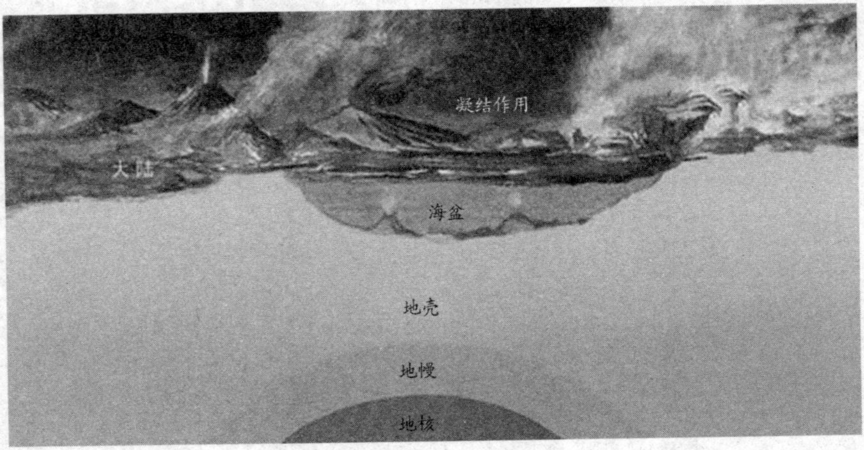

岩浆中夹带的水汽遇冷凝结，地球表面开始有了水

始地球不断受到加热增温；当内部温度达到足够高时，地内的物质包括铁、镍等开始熔化。在重力作用下，重者下沉并趋向地心集中，形成地核；轻者上浮，形成地壳和地幔。在高温下，内部的水分汽化与气体一起冲出来，飞升入空中。但是由于地心的引力，它们不会跑掉，只在地球周围，成为气、水合一的圈层。位于地表的一层地壳，在冷却凝结过程中，不断地受到地球内部剧烈运动的冲击和挤压，因而变得褶皱不平，有时还会被挤破，形成地震与火山爆发。开始，这种情况发生频繁，后来渐渐变少，慢慢地稳定下来。这种轻重物质分化，产生大动荡、大改组的过程，大概是在45亿年前完成的。

地壳经过冷却定型之后，地球就像个久放而风干了的苹果，表面皱纹密布，凹凸不平。高山、平原、河床和海盆，各种地形一应俱全了。

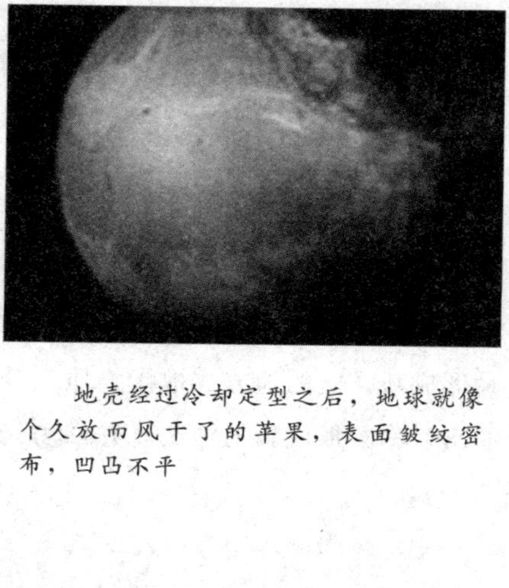

地壳经过冷却定型之后，地球就像个久放而风干了的苹果，表面皱纹密布，凹凸不平

在很长的一个时期内，天空中水汽与大气共存于一体，浓云密布，天昏地暗。随着地壳逐渐冷却，大气的温度也慢慢地降低，水汽以尘埃与火山灰为凝结核，变成水滴，越积越多。由于冷却不均匀，空气对流剧烈，形成雷电狂风，暴雨浊流，雨越下越大，一直下了很久很久。滔滔的洪水，通过千川万壑，汇集成巨大的水体，这就是原始的海洋。

原始的海洋，海水不是咸的，而是带酸性、又是缺氧的。水分不断蒸发，反复地成云致雨，重又落回地面，把陆地和海底岩石中的盐分溶解，不断地汇集于海水中。经过亿万年的积累融合，才变成了咸水。同时，由于大气中当时没有氧气，也没有臭氧层，紫外线可以直达地面，靠海水的保护，生物首先在海洋里诞生。大约在38亿年前，首先在海洋里产生了有机物，先有低等的单细胞生物。在6亿年前的古生代，有了海藻类，在阳光下进行光合作用，产生了氧气，慢慢积累后，形成了臭氧层。此时，生物才开始登上陆地。

总之，经过水量和盐分的逐渐增加，以及地质历史上的沧桑巨变，原始海洋逐渐演变成今天的海洋。

大陆漂移说

早在 1620 年，英国人培根就已经发现，在地球仪上，南美洲东岸同非洲西岸可以很完美地衔接在一起。到了 1912 年，德国科学家魏格纳根据大洋岸弯曲形状的某些相似性，提出了大陆漂移的假说。数十年后，大量的研究表明，大陆的确是漂移的。人们根据地质、古地磁、古气候及古生物地理等方面的研究，重塑了古代时期大陆与大洋的分布。大约在 2.4 亿年前，地球上的大陆是汇聚在一起的，这个大陆由北极附近延至南极，地质学上叫泛大陆。在泛大陆周围则是统一的泛大洋。此后，又经过了漫长的岁月，泛大陆开始解体，北部的劳亚古陆和南部的冈瓦纳古陆开始分裂。大陆中间出现了特提斯洋（1.8 亿年前）。此后，大陆继续分裂，印度洋陆块脱离澳大利亚——南极陆块，南美陆块与非洲陆块分裂；此时的印度洋、大西洋扩张开始。到了 6000 万年前，已经出现现代大陆和大洋的格局雏形。以后，澳大利亚脱离南极北上，阿拉伯板块与非洲板块分离，红海、亚丁湾张开，形成现代大洋和大陆的分布格局。

大陆漂移说的创始人——魏格纳

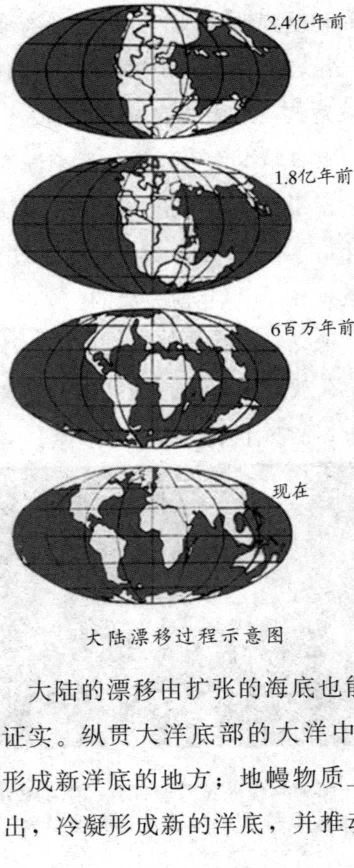

大陆漂移过程示意图

大陆的漂移由扩张的海底也能得到证实。纵贯大洋底部的大洋中脊，是形成新洋底的地方；地幔物质上升涌出，冷凝形成新的洋底，并推动先形成的洋底向两侧对称地扩张；海底与大陆结合部的海沟，是洋底灭亡的场所。当洋底扩展移至大陆边缘的海沟处时，向下俯冲潜没在大陆地壳之下，使之重新返回到地幔中去。

大陆漂移的证据

从地图上看出，大西洋两岸海岸线弯曲形状非常相似，但细究起来，并不十分吻合。这是因为海岸线并不是真正的大陆边缘，它在地质历史中随着海平面升降和侵蚀堆积作用发生过很大的变迁。1965 年，英国科学家布拉德借助计算机，按 1,000 米等深线，将大西洋两边缘完美地拼合起来。如此完美的大陆拼合，只能说明它们曾经连在一起。此外，美洲和非洲、欧洲在地质构造、古生物化石的分布方面都有密切联系。例如，北美洲纽芬兰一带的褶皱山系与西北欧斯堪的纳维亚半岛的褶皱山系遥相呼应；美国阿巴拉契亚山的海西褶皱带，其东端没入大西洋，延至英国西南部和中欧一带又重出现；非洲西部的古老岩层可与巴西的古老岩层相衔接。这就好比两块撕碎了的报纸，按其参差的毛边可以拼接起来，而且其上的印刷文字也可以相互连接。我们不能不承认这样的两片破报纸是由一大张撕开来的。

大洋中脊是新地壳形成的场所，熔融的地幔物质不断沿大洋中脊轴部向上涌，形成新海底。 在此过程中，磁颗粒像一个个小磁针一样，与当时的地磁场平行。随着岩层冷凝，并向两侧运动

古生物化石，也同样证实大陆曾是连在一起的。比如广布于澳大利亚、印度、南美和非洲等南方大陆晚古生代地层中的羊齿植物化石，在南极洲也有分布。此外，被大洋隔开的南极洲、南非和印度的水龙兽类和迷齿类动物群，也具有惊人的相似性。这些动物也见于劳亚大陆。如果这些大陆不是曾经连在一起，很难设想这些陆生动物和植物是怎样远涉重洋、分布于世界各地的。

板块构造说

板块构造理论，是从海底研究得出的，是了解地球形态的一把钥匙。

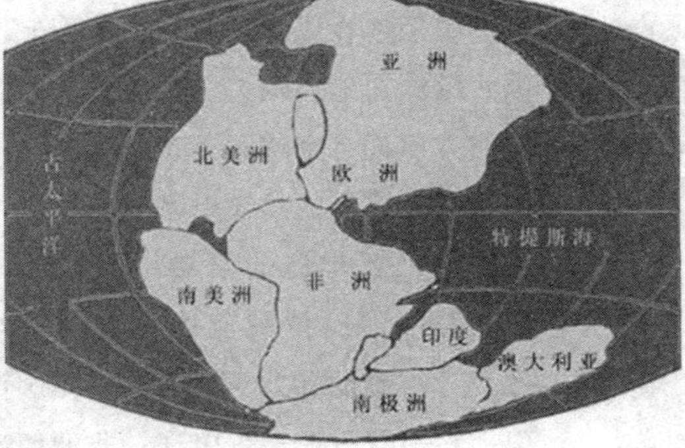

2.7亿年前的泛大陆。泛大陆又叫联合古大陆，是两亿年来大陆漂移的起点，泛大陆北面叫劳亚古陆，它包括北美、欧洲和亚洲；南面的叫冈瓦纳古陆，包括南极洲、非洲、南美洲、澳大利亚和印度、阿拉伯半岛

地球表层是由一些板块合并而成。这些板块就像浮在海面的冰山，在熔融的地幔岩浆上漂浮运动。所谓板块构造，讲的就是这些坚硬的岩石板块以及它们的运动体系。地球表层主要有 6 个基本板块。板块坚如磐石，内部稳定，地壳处于比较宁静之中；而板块之间的交界处是地壳运动激烈的地带，经常发生火山喷发、地震、岩层的挤压褶皱及断裂。

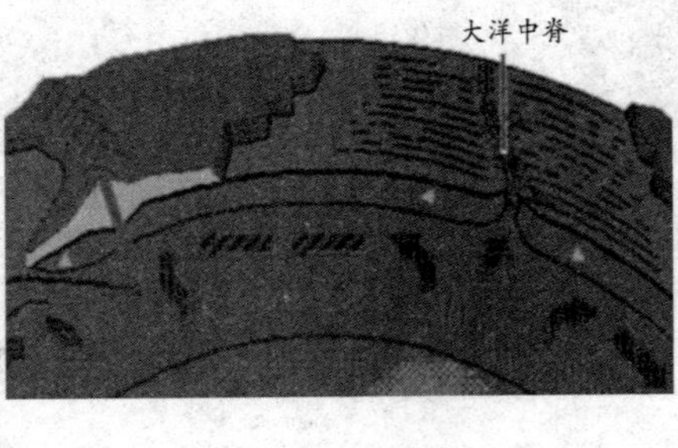

板块构造示意图

六大板块中，太平洋板块完全由大洋岩石圈组成；而大西洋由洋中央海底山脉分开，一半属于亚欧板块和非洲板块，一半属于美洲板块；印度洋，也由人字形的海底山脉分开，使印度洋洋底分别属于非洲板块、印度洋板块和南极板块。所以，这些板块是由大洋岩石圈及大陆岩石圈组成，包含了海洋与大陆。

板块为什么会运动？它的动力来自何处？目前的科学知识告诉我们，主要是地幔深处的热对流作用。地球深部的核心称地核，它是高温熔融的。它给地核外围的地幔加热，致使温度很高，靠近地核的岩层也熔化。地幔下部的导热性不能有效地将地核的热量散发出去，使热量积聚，致使地幔逐渐升高温度。地幔物质成为塑性状态，形成对流形式的运动。地幔的热对流是在大洋中的海底山脉（又称大洋中脊）处上升，沿着海底水平运动，到达大洋边缘的海沟岛弧带，经过水平长距离运动后冷却，而沿海沟带下沉，又回到高温的地幔层中消失。

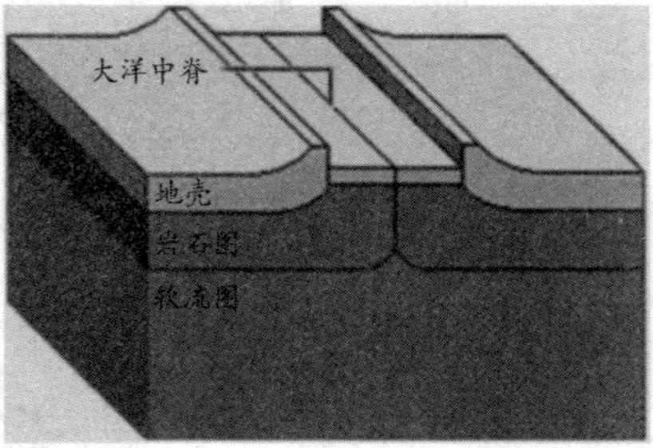

板块构造层示意图

由于地幔的对流运动，使得漂浮在它上面的板块也被带动做水平运动。所以，地幔的热对流是带动板块运动的传送带。板块从大洋中脊两侧各自做分离的运动。这运动的板块最终总会有相遇的，相遇时会相互碰撞。当大洋板块与大陆板块相碰撞时，由于大洋板块密度大而且重，就插到大陆板块之下，在碰撞向下插入处就形成大洋边缘的深海沟。假使是两个大陆板块相碰撞，则互相挤压，使两个板块的接触带挤压变形，形成巨大的山系。如喜马拉雅山系就是由于欧亚板块与印度板块挤压而形成的。因此，大洋底部的运动，形成大洋边缘岛弧海沟复杂的地貌，也构成大陆上巨大的山系。板块构造控制了整个地球的地表形态。

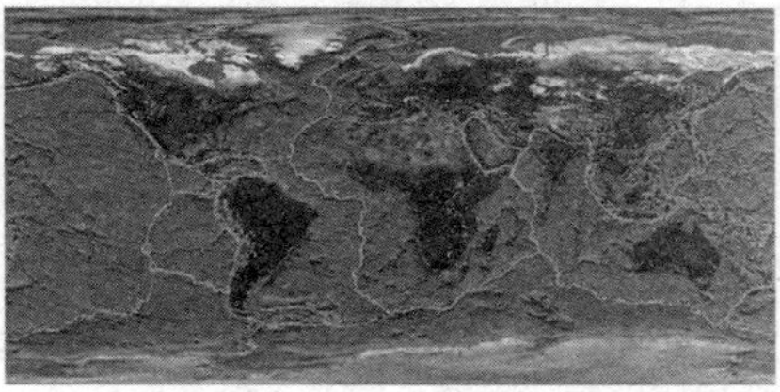

板块分布示意图

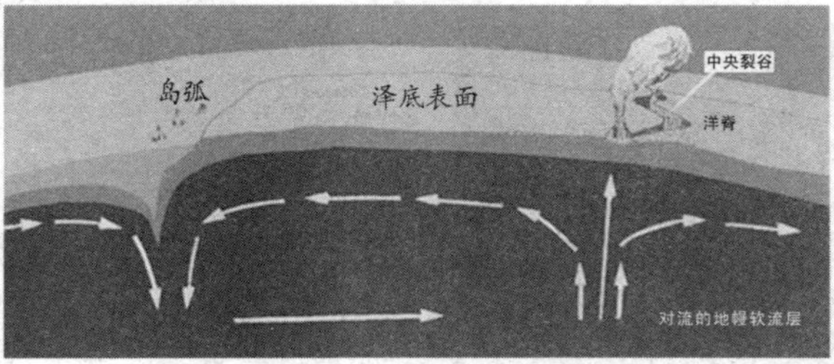

海底扩张时对流的地幔软流层

运动的海洋

大海的“呼吸”

“月有阴晴圆缺”，海有涨潮落潮，大海中的海水每天都按时涨落起伏，发生变化。古时，人们把白天的涨落称为“潮”，夜间的涨落叫做“汐”，合起来叫做“潮汐”。潮汐现象使海面有规律地起伏，就像人们呼吸一样。海水涨起来的时候，只见那水头像骏马一般，从大海远处奔腾而来，转眼间水满湾畔，惊涛拍岸，发出雷鸣般的轰鸣，飞沫四溅。及至退潮，则别有一番景致。只见海水渐次回落，转瞬间，被海水覆盖的金黄色沙底、奇形怪状的礁石，都显露出来。

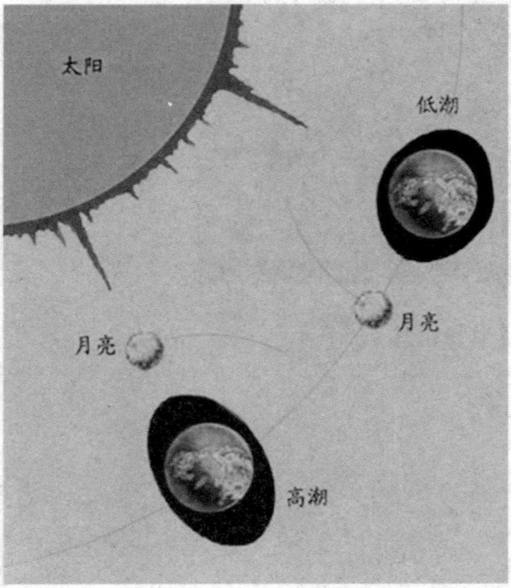

潮汐运动示意图

潮水为什么夜以继日、周而复始地运动着？是什么力量促使海水发生如此有规律的升降、涨落？我国古代不少科学家，经过长期观测，已经发现海洋潮汐现象与月亮的盈亏圆缺有密切的关系。潮汐是海水受太阳、月亮的引力作用而形成的。根据万有引力定律，两个物体之间都存在着相互吸引力；引力的大小，与它们的质量乘积成正比，而与它们之间的距离的平方成反比。

地球上各地的引潮力，随地、月之间的距离远近变化而变化，加上地球也不停地自转，引潮力也随时变化着。从而，各地在不同时间，有着各种不同大小的潮汐涨落。

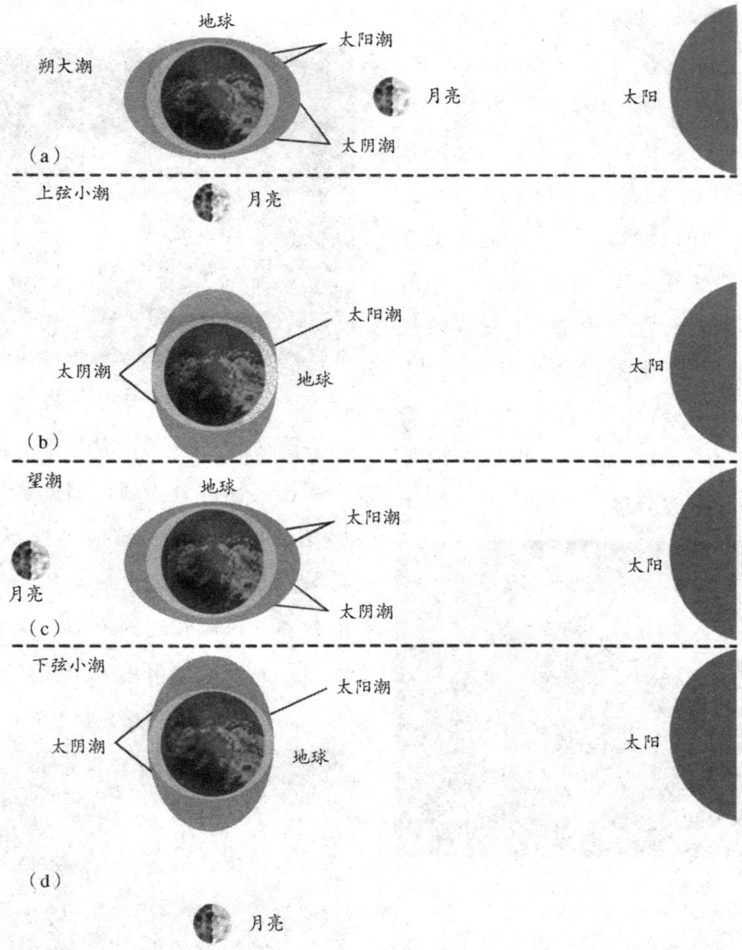

潮汐规律示意图

大海的“脉搏”

人有脉搏，医生通过人的脉象变化，能够诊断出病人的病情。大海也有脉搏，无论你什么时候见到大海，总能看到它在那里永不停息地波动着。波涛的起伏，多么像人的脉搏在跳动！根据大海的“脉搏”，不是“诊断”它的病情如何，而是能推知它的“脾气好坏”。在巨浪如山的时候，好像大海在“发怒”；微波荡漾的时候，似乎大海“心平气和”。千姿百态的波浪，反映着大海变化无常的复杂“心情”，也显示出它“巨大胸怀”的无穷力量。

西风带气旋形成的巨浪

波浪，又称风浪，因为浪是由风产生。波浪有多种类型，每一种波浪的类型、形成、传播方式不同，具有不同的特征。波浪“家族”的成员可按波长、周期分组。风浪的周期可在1～25秒、波长可在1～500米之间变化。波高是波谷与波峰之间的垂直距离，它是由三个因素决定的：风程（风吹过的距离）、风的持续时间和风速。

巨轮航行在西风带

阵风吹过海面，对某部分海区的作用比其他部分强烈，因此产生水面形变，形成涟波；涟波迅速形成波，对风流产生影响，形成向风侧较强的推力和背风侧较弱的推力。风能一旦得到补充，它便可由一个波传给另一个波，最后形成波浪。

海面巨浪

位于南北半球的中纬度地区的西风带，这里常年吹刮偏西风，风速又很大。在北纬 40°～60°之间多为陆地阻隔，海上大风受此阻力，风速相应降低很多，而南纬 40°～60°之间几乎全部为辽阔海洋，表层海水受风力的作用，也产生了自西向东的环流，由于常年吹刮西风，这个海区里风大浪高流急，航行的船只在这里犹如小球一样，被大浪不断地撞击，上下剧烈颠簸，险象环生。很多海员谈起南半球的西风带都为之变色。1991 年我国“极地”号南极考察船曾经过那里，当时在船上的记者描述的情景是：“船于 1991 年 3 月 6 日航行到南纬 55°处，遇到 35 米/秒的强风，浪高达 20 米，山一样的巨浪呼啸着从船尾滚滚而至，将船尾部盘结的粗缆绳全部打散，冲入海里。后甲板上由铆钉固定的 1 吨重的蒸汽锅被连根拔起，像陀螺一样在甲板上滚来滚去，后甲板的门也被巨浪冲破……”这段触目惊心的报道证实了西风带对船只带来了多么大的威胁和险象。

西风带的风力为什么如此巨大和持久呢？这主要是由以下两个原因造成的。首先是地球自转对空气流动的方向起着主导作用，按大气环流总的结构，中纬度的气流是向极地输送。

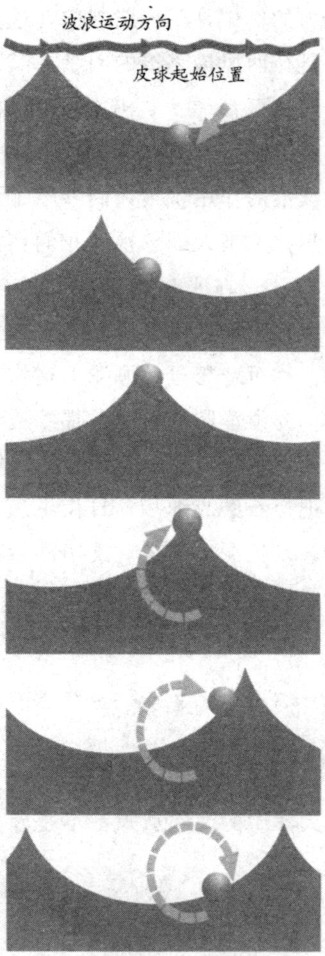

波形前进，皮球只是做了一个圆周运动。

就是说，在北半球中纬度应为南风，南半球则为北风。但地球由西向东自转产生的偏向力，永远作用于前进方向的右侧，由此相应地把南风转变成西南风，北风改变成西北风。而偏向力是随纬度增加而增大的，在中纬度这个力的作用是不容忽视的，这是西风带盛行西风最直接的因素。其次是中纬度地区温差大，热量消耗也大，上下对流旺盛。

波浪的作用，给人们奉献了更多的实惠，反被人们忽视。我们在海水浴场游泳，在平展洁净的沙滩上漫步，躺在上面沐浴着阳光，多么惬意舒适。你可曾想过，海滩上这均匀的沙粒、光滑浑圆的石子，都渗透着海浪的辛勤劳作。是它，把大石块击碎，把粗石磨成细沙，日夜不息，年深日久，把泥土淘走，洗净沙粒，铺得平展展的，供人类享用。

大洋环流

大洋中的海水从来都不是静止不动的。它像陆地上的河流那样，长年累月沿着比较固定的路线流动着，这就是“洋流”。不过，河流两岸是陆地，而海流两岸仍是海水。在一般情况下，用肉眼是很难看出来的。世界上最大的洋流，有几百千米宽、上千千米长、数百米深。大洋中的洋流规模非常大。洋流并不都是朝着一个方向流动的。在北太平洋，表层有一个顺时针环流；在南太平洋也有一个方向相反的环流，由南赤道暖流、东澳大利亚暖流、西风漂流和秘鲁寒流组成的逆时针方向的环流。在大西洋的南部和北部也各有一个环流，模样大体与太平洋相仿。北大西洋环流由北赤道暖流、墨西哥湾暖流、北大西洋暖流和加那利海暖流组成；南大西洋环流由南赤道暖流、巴西海暖流、西风漂流和本格拉寒流组成。印度洋有

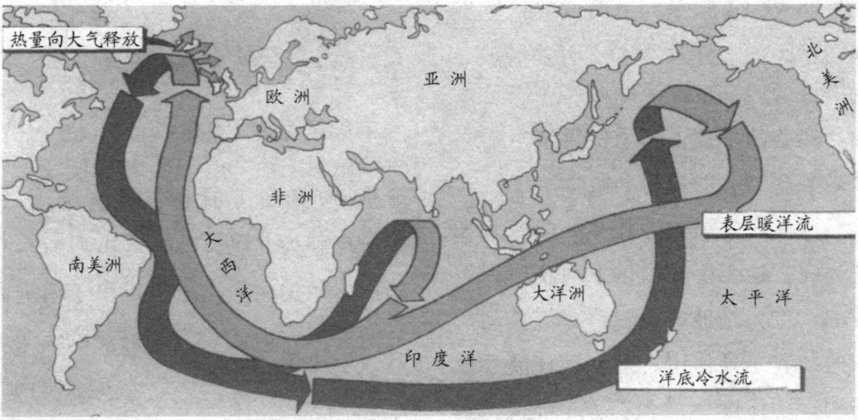

全球大气对流模式

点特殊，只在赤道以南有个环流，位于印度洋中部赤道以北，由于洋域太小，又受陆地影响，不能形成长年稳定的环流。由于季节不同，印度洋北部的海流方向，随着季风改变：夏季是自东向西流，并在孟加拉湾和阿拉伯海形成两个顺时针的小环流；冬季则相反，海流由西向东流。北冰洋由于位置特殊，又受大西洋海流的支配，也只形成一个顺时针的环流。

大洋环流的形成，原因是多方面的。风、大洋的位置、海陆分布形态、地球自转产生的偏向力（称为科氏力）等都施加了影响，大洋环流的形成可以说是许多因素综合作用的结果。风不仅能掀起浪，还能吹送海水成流。常年稳定的风力作用，可以形成一支长盛不衰的洋流。经久不停的赤道流，就是被信风带吹刮的偏东风而形成的。稳定的西风漂流，则要归功于强有力的西风带。所以，有人把海洋表层流，称为“风海流”。但是，大洋环流形成的“环”，却不能把功劳都记在风的账簿上，因为海陆分布形态和地转偏向力的作用也非常重要。当赤道流一路西行，到了大洋西边缘时，被大陆挡住了去路，摆在面前的只有两条出路，一是原路返回东岸，二是转弯。但是，因为“后续部队”浩浩荡荡、源源不断地跟着来，全部返回是不可能的，只好分出一小股潜入下层返回，成为赤道潜流；其余大部分只得拐弯另辟他途，继续前进。赤道流向哪里转弯呢？这时，地转偏向力帮助了它。在北半球，洋流受到地转偏向力的作用，便向右转，在南半球则向左转。加上大陆的阻挡，水到渠成，洋流便大规模地向极地方向拐弯了。在洋流向极地方向进军途中，地转偏向力一刻也不放松，

水循环示意图

拉偏的劲头越来越足，到南北纬 40°左右时，强大的西风带与地转偏向力形成合力，使洋流成为向东的西风漂流。同样的道理，西风漂流到大洋东岸附近，必然取道流向赤道，从而完成了一个大循环。

风雨的故乡

刮风和下雨像一对孪生兄弟，总是相伴而行。那么，地球上的风雨是从哪里来的呢？

不同的风雨，各有不同的成因和来源。但是，从地球宏观水循环的观点看问题，风雨起源于海洋，海洋是风雨的故乡。

在广阔的海面上，海水不断地蒸发进入大气层。海面上的气团就像一个吸满水的湿毛巾。湿气团上升成云，靠太阳和海洋供给的能量，由海面上升到大陆上空，又以雨雪形态降落到地面，再经江河返回海洋。地球上水的总量约为 15 亿立方千米，其中海水约为 13.7 亿立方千米。千百年来，如此循环不息，数量变化很小。风雨从海洋开始，又回到海洋，这就是地球水的自然循环。因此我们说海洋是风雨的故乡。

台风是一个典型的海陆水循环的气象事例。台风在赤道附近热带海洋上生成。赤道附近，太阳终年直射海面，海水吸收并储存了大量的太阳能量。海洋又不断地把水分和能量供给海面上的空气，海面上高温高湿的空气加速旋转上升，形成热带风暴。产生于菲律宾以东的太平洋上的，达到一定强度后，向我国和日本方向运动的热带风暴称为台风；而在大西洋加勒比海生成，袭击美洲大陆的热带风暴叫做飓风。

台风云图

台风登陆会带来狂风暴雨。台风所过，大风、洪水成灾。但是，台风带来的大量雨水对于人类还是大为有益的。亚洲、非洲、美洲大陆北纬30°一带地方，是地球上空气下沉的地带，夏季受高气压控制，干旱少雨，形成大沙漠。台风带来的雨水，使我国的这一地带避免了沙漠化。台风带来充沛的雨水，有利于植物的生长和水库蓄水。

在地球上，海洋这个巨大的水体时时刻刻都在影响着大气。特别是赤道海域，受太阳辐射的海水，把巨大的热量释放到大气中，受热的空气流上升后，向地球的两极运动。在大气系统的影响下，北半球成了顺时针流动的大洋环流，南半球成了逆时针流动的大洋环流。在大洋环流的影响下，又形成一些分支洋流，像是洋中大河。带着巨大热能的洋流，将大量的热能输送到沿途的大气中，这就形成各地不同的气候——风雨冰雪天气。由于种种原因，如寒暖流的流向不同，大洋中形成了千差万别的海洋环境。人们在长期的实践中认识到，海洋是风雨的故乡。

地球村的空调器

由于航空航天和通讯等现代技术的进步，居住在世界各地的人们感觉彼此的距离缩短了。住在世界各地的人们，休戚相关，地球似乎变得很小，像一个村庄，于是有人便提出了“地球村”这个名词。如果把地球看

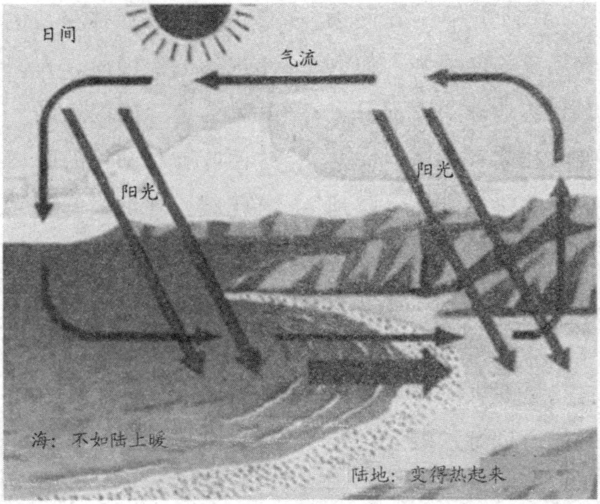

白天陆地变热

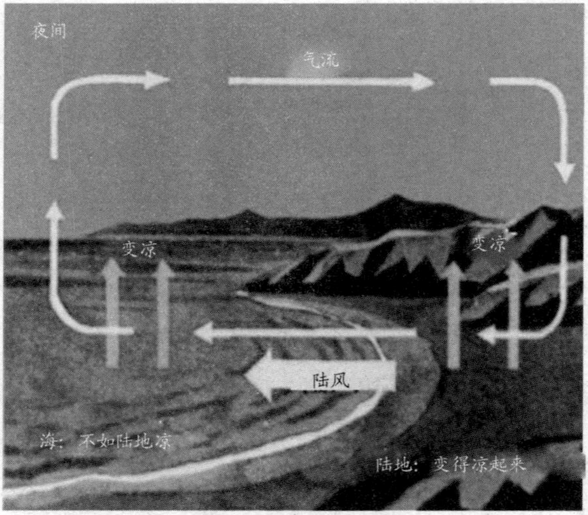

夜晚陆地变凉

成一个村庄或一个大城市的居民小区，海洋可不就是它的中央空气调节器吗？

"万物生长靠太阳"。太阳能量传送到地球，80%以上被地球表面吸收，不到20%反射到空中。海洋面积大，海水吸收热量的能力强，储存能量的能力大。到达地球的大部分太阳能量被海洋吸收并储存起来，海洋成为地球上的巨大的热能仓库。陆地表面吸收太阳热量能力差，而且集中在表层很浅的地方，储存能力也很差。白天热得快，夜晚也凉得快。这样一来，地球村热量的供应就主要由海洋来调节。海洋通过海水温度的升降和洋流的循环，并通过与大气的相互作用来影响地球的气候变化。

海洋不但通过大气来调节地球气候，而且还能为地球提供氧气。海洋浮游植物的光合作用，能向地球大气提供40%的再生氧气，另外60%的再生氧气是森林和其他地表植物提供给地球的。因此，人们把海洋与森林并称为地球的两叶肺。不过，地球的这两叶肺与动物的肺相反，它吸入二氧化碳，呼出新鲜氧气。

海　啸

海啸是由于海底地震、海底火山爆发等原因而引发的一种波长很长、能量极大的波浪。海啸的波长通常可以达到300～400米，由于其波长长，能量衰减慢，一旦进入沿岸的浅水域，特别是那些口部宽阔而内部狭窄的“V”字形海湾中，波高将急剧增大，有时可达十几米乃至几十米。加之海啸的能量多来自强地震，地震的巨大能量可造成从海底到海面几百米乃至上千米深的水层产生整体波动，因而海啸所具有的能量有时会大得惊人。由海啸引发的波浪时速可达600～800千米，传播距离可达数千千米，能对沿岸的建筑、港口和堤防设施以及航行中的船舶产生非常大的破坏力。例如：1896年6月在日本三陆发生的海啸，最大波高达24.4米，造成2.7万人死亡。1960年智利大地震所引发的海啸，摧毁了智利沿海3个城市和数十个村镇，16万栋建筑物被毁，6000多人死亡，200万人无家可归，同时该海啸还以每小时600余千米的速度横越太平洋，波及亚洲东海岸，仅在日本沿海就造成数万亩良田被冲毁、1000余栋房屋被冲走、15万人无家可归的惨重损失。1998年7月巴布亚新几内亚发生的海啸，巨浪高达15米，瞬间即摧毁了沿岸的所有建筑，造成2200多人死亡。2004年12月26日发生在印度尼西亚苏门答腊岛亚齐省，由8级大地震所引发的海啸，是有记录以来造成危害最严重的一次海啸。该海啸的巨浪席卷了印度尼西亚、斯里兰卡、马尔代夫、印度、马来西亚、泰国、缅甸、孟加拉等多个国家的沿海地区，沿岸的所有建筑物几乎全都被摧毁，致使23万人遇难或者失踪，170万人无家可归。巨大的海浪竟能将斯里兰卡沿海一列正在行驶中的火车掀翻，并使岛国马尔代夫首都马累所在的岛屿有2/3面积被淹。此外，该海啸还越过印度洋，袭击了非洲东海岸，致使索马里、肯尼亚、坦桑尼亚、塞舌尔等国的沿海地区也遭受到不同程度的损失，遇难人数逾百人。灾难过后，日本的有关专家根据海啸在其发源地附近海岸边所留下的痕迹推测，该海啸所引发的巨浪高达34米。

海啸来临

海啸发生后的景象

为了加强对海啸的预警预报工作，尽可能减少海啸的危害，联合国教科文组织（UNESCO）下属的政府间海洋学委员会（IOC）的国际海啸协调组（ICG/ITSJ），负责协调与监督国际海啸警报系统的运作，并成立了国际海啸信息中心（ITIC）。该组织现已发展到 28 个成员国，并在太平洋、印度洋、加勒比海、地中海建立了预警预报系统。其中，建在美国夏威夷群岛檀香山附近的太平洋海啸预报中心（PTWC）是太平洋区域的国际警报中心，自 1965 年成立起即成为太平洋区域海啸警报系统（TWSP）的业务中心。该中心在阿拉斯加及太平洋沿岸设有若干套监测系统和地震、海浪监测站，根据各监测站的监测数据，并联合其他机构，对环太平洋地区的地震与海啸进行监测和预报，及时向环太平洋国家和地区发布信息。印度尼西亚大海啸发生后，东南亚部分国家和地区也在积极运筹建立地震和海啸联合观测与预报系统。

海啸虽然可怕，但在其发生前大多还是有一些先兆的，人们若能根据这些先兆预先提防，并采取自救措施，就能够减轻其危害。如：

①地震可以作为海啸的天然警报，一旦发生地震，沿海地区的居民

就应该提高警惕，密切关注海水的变化。

②在海啸到来之前，海水通常会大幅度地后撤，海面显著降低，该现象可以作为海啸来临的预兆。

③海啸的巨浪行进速度非常快，并且不只是一次大浪，而是一连串的大浪，因此应及早逃离海边，并尽可能快地向高处逃生。

但是，也并非所有海啸都有明显先兆，或者都可以提前进行预报。若地震就发生在海岸附近的浅层海底，地震发生后短时间内就可能引发海啸，有时根本来不及发出预报，即使是最先进的预报系统也无能为力。例如：1998 年 7 月发生在巴布亚新几内亚沿海的海啸，7.0 级地震的震中就在海岸附近，地震发生后还不到 10 分钟就引发了大海啸。2004 年 12 月 26 日的印度尼西亚大海啸大致上也是如此。

海洋基础环境

关注海洋生态系统

地球的表面约有71%的部分被蔚蓝色的海水所覆盖，地球可以说是是一个海洋的星球。浩瀚无边的海洋，蕴藏着极其丰富的各类资源：海水中存在80多种元素，生存着17万余种动物和2.5万余种植物。21世纪是海洋世纪，海洋蕴藏着丰富的自然资源，它是地球所有生命的摇篮。

浩瀚无边的海洋，蕴藏着极其丰富的各类资源

它以无比的壮观和无尽的宝藏让人类亲近，然而，它在气候变化和环境污染面前却又是那么脆弱不堪。关注海洋，善待海洋，可持续开发利用海洋也成为全人类刻不容缓的责任。

近年来，重视海洋、关注海洋已在国际性组织、国家政府间全面展开。1997 年 7 月，联合国教科文组织政府间海洋学委员会召开第 19 届大会，通过了将“海洋——人类的共同遗产”作为“国际海洋年”主题的建议，要求各国以各种形式积极参与国际海洋年的活动，同时将 7 月 18 日定为“世界海洋日”。世界上已有不少国家和地区设立了与海洋有关的节日。例如，英国将 8 月 24 日定为英国海洋节；每年的 5 月 22 日是美国的海洋节。在我国，每年 7 月，青岛市都要举行青岛海洋节；中国海洋文化节也已在浙江岱山县成功举办了 4 届。

大海洋生态系统

近二三十年来，由于对近海渔业资源的过度开发，已经导致很多传统经济鱼类资源衰退、渔业资源结构发生很大变化。人们逐渐发现，只进行单品种鱼类资源管理，往往难以达到预期的管理效果，而只有将鱼类作为整个海洋生态系统中的一个组成部分，研究同一海域多种鱼的相互关系

海底世界

及其数量变动，并采取相应的严格管理措施，才能增加产量并提高经济效益。而很多海洋生物（尤其是鱼类）具有洄游习性，只有通过国际间协调、综合管理海洋生物资源，才可能收到真正的管理效果。大海洋生态系统的概念就是在以上两个背景基础上形成的。

大海洋生态系统的概念最初是由美国海洋大气局的 K. Sherman 和罗德岛大学的 L. Alexander 等在 20 世纪 80 年代提出的。作为大海洋生态系统，应符合以下条件：（1）大海洋生态系统的面积一般要在 20 万平方千米以上；（2）具有独特的海底深度、海洋学特征和生产力特征；（3）生物种群之间形成适宜的繁殖、生长和营养（食物链）的依赖关系，组成一个自我发展的循环系统；（4）污染、人类捕捞和环境条件等因素的压力对其具有相同的影响和作用。

目前全球范围内划定的大海洋生态系统共 64 个，在水深、海洋学、生产力和海洋生物类群等方面各具有其独特性。毗邻我国的黄海、东海和南海都被列入 64 个大海洋生态系统之中。虽然大海洋生态系统支撑着世界海洋渔业总产量的 95%，但是也是受人类活动干扰最严重的海域。目前大海洋生态区面临的主要威胁仍旧是各种污染、过度捕捞、对栖息地的改变和破坏。

岛屿生态系统

岛屿生态系统具有明显的海域隔离特征，有别于典型的陆地生态系统，特点主要有：（1）明显的海洋边界及不连续的地理分布；（2）海域隔离降低了岛屿间的有效基因流；（3）不同岛屿间具有异质化的生境条件；（4）海洋岛屿面积相对狭小；（5）火山和侵蚀活动等随机事件致使岛屿在长期的地质过程中处于动态变化中。生物学家常把岛屿作为研究生物地理学与进化生物学的天然实验室或微宇宙。这是因为，岛屿与大陆隔离，它们的动物种群和植物种群的进化都发生在相对封闭的环境中，可以免受其他物种在大陆所面临的残酷竞争，并朝着特殊的方向进化。许多偏僻的岛屿上都拥有一些世界上最奇特的植物，这些植物甚至未曾在其他地区被发现。这些物种因其具有地理隔离、种群边界清晰、分布范围狭窄及种群规模较小等特点，成为物种分化、起源研究的模式种。相应的，随着岛屿生态学及生物多样性研究的不断深入，岛屿生态系统被视为模式生态系统。

海底生态系统

海底生态系统又称深海生态系统，是指在海底黑暗、低温（或高温）和高压等极端环境下，以化学能和地热能为基础而存在的特殊生态系统。深海通常是指水深1000米以下的海洋，这里缺乏阳光，静水压力高，温度低至1℃，或是高达350℃，靠光合作用生长的植物以及相应的高营养级动物在如此恶劣的环境条件下根本无法生存，因此，长期以来深海一直被认为是没有生机的“荒芜沙漠”。然而，海底的生命远比我们的想象要丰富得多。1977～1979年，美国研究人员利用“阿尔文”号深潜器最早对加拉帕戈斯群岛附近2500米深的海底热泉进行调查，在其周围发现了完全不依赖光合作用而生存的深海生物群落，包括10个门类，500多个种属，构成一个五彩缤纷、生机勃勃的复杂生态系统。与我们经常看到的水生生态系统相似，这个生态系统中的能量和物质也能通过各种生物之间的取食和被食的关系而逐级传递，构成完整的海底食物链。

在亿万年的物竞天择过程中，深海生物虽然失去了许多与浅海生活相适应的结构特征，如色素退化（通体

深海通常是指水深1000米以下的海洋，这里缺乏阳光，静水压力高

白色或粉红色)、内脏可视、视觉系统退化等，但是同时具备了耐盐性、耐低温、耐高温、耐高压、高渗透性、触觉发达、有固氮能力和清污能力等特殊功能。特别是，深海生物的表皮多孔而有渗透性，海水可以直接渗透到机体内，使身体内外保持压力平衡，因此，它们在 600 个大气压(相当于 6000 米水深的压力)下仍然能够正常生活，这是大多数浅海生物难以做到的。生物学家认为，深海生命是地球上最古老的生命形态之一，对它进行的研究将为揭开地球上生命起源之谜提供更多证据。

如果海平面上升 1 米，全球将有 10 亿人口的生存受到威胁

并非危言耸听的海平面上升

2009 年 3 月 10 日，在丹麦首都哥本哈根举行的气候变化国际科学大会上，首席发言人澳大利亚塔斯马尼亚霍巴特气象气候研究中心的约翰·丘奇(John Church)博士告诉大家："卫星和地面勘测的数据表明，自 1993 年以来，全球海平面以每年 3 毫米甚至更高的速度在上升。这个比率已经远远超过了 20 世纪一百年的平均水平。"根据《2007 年中国海平面公报》，近 30 年来中国沿海海平面总体上升了 90 毫米。预计未来 10 年，中国沿海海平面将继续保持上升趋势，将比 2007 年上升 32 毫米。

科学界普遍认为：全球海平面上升是由于气候变化等原因直接或间接造成的。海平面上升分别由绝对海平面上升和相对海平面上升构成，前者是由全球气候变暖导致的海水热膨胀和冰川融化而造成的；后者是由地面沉降、局部地质构造变化、局部海洋水文周期性变化以及沉积压实等作用造成的。据统计，全世界大约有半数以上的居民生活在沿海地区，距海岸线 60 千米范围内的人口密度比内陆高出 12 倍。有关专家预计，如果海平面上升 1 米，全球将有 10 亿人口的生存受到威胁，500 万平方千米的土地将遭到不同程度的淹没。一些太平洋岛国的最高点仅在海平面以上几米，全球气候日益变暖导致的海平面上升，将使这些岛国面临被淹没的处境。

海水富营养化对渔业生产是有益的

海水富营养化

海水富营养化指海水中生物生长所必要的营养元素氮和磷的浓度超过正常水平所引起的水质污染现象。由于水体中氮、磷营养物质的积累，引起藻类及其他浮游生物的迅速繁殖，使水体溶解氧的含量下降，造成藻类、浮游生物、植物和鱼类衰亡甚至绝迹。自然情况下，海水很少发生富营养化，人为活动向近海海域大量输送氮、磷是引发富营养化的主要原因。海水的富营养化往往发生在沿岸、河流入海口、海湾等受人类活动影响比较强烈而水体交换不良的地区。

海水富营养化的正面影响是适度的富营养化在一定程度上对水产养殖和渔业生产是有益的，但这种理想情况很难在现实中出现。负面影响是为赤潮藻类的暴发性繁殖埋下隐患，一旦水温和盐度适合、气象条件允许，就会引发严重的环境问题——赤潮。控制海水的富营养化程度，关键是控制海水中无机氮和无机磷的浓度。

溶解氧在海水中的分布

溶解于海水中的分子态氧称为溶解氧，用符号 DO 表示。溶解氧是海洋生命活动不可缺少的物质，主要来源于大气和浮游植物的光合作用。水中溶解氧的含量与大气压力、水温及含盐量等因素有关。大气压力越大、水温越低、盐度越小，则溶解氧含量越高，反之则越低。在浮游生物生长繁殖的海域，表层海水的溶解氧含量不但昼夜不同，而且因季节而异，加上洋流等因素的影响，海洋中的溶解氧具有明显的垂直分布特征和区域分布特征。

按照溶解氧垂直分布的特征，大体上分为四个区：①表层由于风浪的搅拌作用和垂直对流作用，氧在表层水和大气之间的交换能较快趋于平衡，表层水中溶解氧基本上处于饱和状态。②光合带中既有来自大气的氧，又有植物光合作用产生的氧，因此出现氧含量的极大值。⑧光合带下的深水层由于光线微弱，光合作用减弱，有机物在分解过程中消耗氧，使氧含量急剧降低，甚至可能出现最小值。④极深海区虽然可能是无氧无生命区，但是由于高纬度下沉的冷水团向深层水中补充氧，这里的氧含量可能随深度的增加而增加。

溶解氧的区域分布与海洋环流密切相关，同时还与海洋生物分布和大陆径流有关，变化复杂。三大洋中，溶解氧平均含量以大西洋最高，印度洋次之，太平洋最低。

海洋环境容量与倾度

海洋环境容量是指在一定的自然、经济条件下，结合各海域的使用功能及其环境质量的管理目标，预测该海域内允许排入的污染物的最大量。

海洋是一个客观存在的自然资源库，但并不意味着我们可以无止境地开发和污染，一定范围的海域所能容

海洋污染

纳的污染物数量是有限的，环境容量是我们充分利用海洋自净能力的一个综合指标。海洋环境容量大小与海域环境空间的大小、位置、水文气象、水生生物、自净能力、生物的种群特征、污染物的理化特性以及该海域所执行的环境标准等均有密切关系。

从环境空间来看，空间越大，环境对污染物的净化能力就越大，环境容量也越大。

对海洋污染物来说，其物理、化学性质越不稳定，环境对它的容量也就越大。

海洋荒漠化及其危害

海洋荒漠化是指在人为作用下海洋（及沿海地区）生产力的衰退过程，即海洋环境向着不利于人类生存的方向发展。海洋荒漠化的主要原因是海域环境承载能力的下降，具体表

现为海域生产力的降低、海水水质的恶化、红树林及珊瑚礁的破坏、捕捞过度以及赤潮等生物灾害频繁暴发等。由于海水和生物的流动性，往往是“源头”海域受到破坏，影响毗邻甚至整个海域的生态环境。

海洋荒漠化

我国海域总面积约为 4.277×10^6 平方千米，由于沿海经济的高速发展，加之人类对海洋的不合理利用，某些海域正在经历着严重的荒漠化过程，其中，渤海近海海域的荒漠化趋势尤为显著。近 20 年来，随着环渤海地区经济的快速发展，渤海遭遇到空前的污染。受污染的海域面积由 1992 年不足 26% 增加到 2002 年的 41.3%，某些沿岸海底淤泥中的重金属元素含量甚至超过国家规定标准的 2000 倍。大量氮、磷营养物排入近岸海域后，提高了海水富营养化的程度，导致赤潮频频发生。20 世纪 60 年代以前渤海没有赤潮记录，70 年代仅发生 3 次，80 年代发生 19 次，90 年代爆发 27 次，2000 年至 2008 年已发生赤潮 88 次。最大一次的赤潮面积超过 1 万平方千米，累计经济损失数十亿元。同时，过度捕捞造成渔业资源严重衰退，表现为渤海渔业生物品种明显减少，传统经济鱼类资源量大幅下降，并呈低龄化和小型化趋势，幼鱼占捕捞总量的 60% 以上。

海洋倾废

海洋倾废是指利用船舶、航空器、平台及其他载运工具，向海洋处置废弃物和其他物质的行为；向海洋弃置船舶、航空器、平台和其他海上人工构造物，以及向海洋处置因海底矿物资源勘探开发及与之相关的海上加工所产生的废弃物和其他物质的过程，但是不包括船舶、航空器及其他载运工具和设施正常操作下产生的废弃物排放。

世界上最早实行海洋倾废的国家是美国。早在 1875 年，美国就开始在南卡罗来纳州的查尔斯顿港向海里倾倒酸液泥，开了向海洋倾废的先河。英国从 1887 年开始在泰晤士河口海湾倾废。此后，日本、法国、爱尔兰、新西兰等国也相继在海上倾废。不合理倾倒的废弃物污染了海洋

海洋倾废

环境，造成了严重的海洋生态破坏，例如，20 世纪 30 年代在波罗的海由于水泥包装破损倾倒的 7,000 多吨砷，杀死了大量鱼类。

为了保护海洋环境，1972 年在伦敦召开的关于海上倾倒废物公约的政府间会议通过了《防止倾倒废物及其他物质污染海洋的公约》，即《伦敦倾废公约》。该公约的 1996 年议定书规定，缔约方“应禁止倾倒任何废弃物或其他物质，除那些列入清单的物质外”。被列入可排放清单的包括疏浚物质、污水污泥、鱼类废弃物，或由工业鱼加工作业产生的物质、海上船舶和平台或其他人造结构、惰性的、无机的地质物质以及最初构成铁、钢、混凝土和类似无害物质的庞大物品。我国在《海洋倾废管理条例》中也明确规定“严格控制向海洋倾倒废弃物”，并分别对禁止倾倒的物质和需要获得特别许可证才能倾倒的物质进行了界定。

海洋生态补偿

海洋生态资源是人类社会与环境可持续发展的基础。但是，在开发利用海洋资源的过程中，由于人们的认识不足，生产规模宏观调控不力，导致海洋生物资源数量锐减，海洋生态系统遭到不同程度的破坏。为了保障海洋生态资源的永续利用和持续发展，有必要采用经济手段对海洋生态资源进行管理。由于海洋生态资源是公共物品，按照市场机制存在着生产不足或产出为零的情况，作为管理者的政府应该对海洋生态环境破坏的受害者和环境治理中作出贡献的贡献者给予补偿。

海洋垃圾清理

海洋生态补偿是指海域使用者或受益者在合法利用海洋资源过程中，对海洋资源的所有权人或者为海洋生态环境保护付出代价者支付相应费用，其目的是支持与鼓励保护海洋生态环境的行为。

进行海洋生态补偿，首先要确定某一海洋开发或保护活动的利益相关者，即受该活动及其结果影响的人、集团或者组织，主要依据如下：①确定海洋生态资源的经济价值；②为保护海洋生态资源作出贡献的应是主要的补偿对象；③充分考虑与海洋生态资源开发与保护相关的间接利益相关者；④进行保护海洋生态资源价值的生态补偿时，不要忽视海洋生态系统的服务价值。经济补偿或资金补偿是海洋生态补偿的一个方面，补偿程度可依据海洋资源价值和当地经济发展水平进行确定。

除经济补偿以外，海洋生态补偿还应包括对海洋生境的补偿和海洋资源的补偿。在资源补偿方面，我国已进行了大量实践，例如，20 世纪 80 年代我国在黄海、渤海实施的中国对虾生产性增殖行动等。

海洋生态破坏

海洋环境问题包括海洋环境污染和海洋生态破坏两个方面。海洋环境污染是指污染物质进入海洋，超过海洋的自净能力；而海洋生态破坏是取出性损害或开发性损害，又称非污染性的损害，即由于人类不适当地从海洋环境中取出或开发出某种物质、能源（非排污活动）所造成的对海洋环境的不利影响和危害。

海洋石油污染

人类不合理的生产活动所造成的典型海洋生态破坏行为包括：①海岸工程建设、围海造田、红树林毁林挖塘养虾等行为破坏了海岸环境和海岸生态系统；②人类对某些传统经济鱼类的过度捕捞，使近海的鱼虾资源数量锐减，品质下降，进而导致部分非经济生物由于天敌锐减而大量繁殖，使海洋生态失去平衡，海洋生态环境遭到破坏；③赤潮，危害水产养殖和捕捞业等海洋环境。河口和港湾多与大中城市相毗邻，人口密集，因而是出现海洋生态破坏现象的主要区域。在污染较大的海域，生态系统变得十分脆弱，更容易发生生态破坏。减少污染物的排海量和控制海洋资源的过量开采，是防止海洋生态破坏的主要措施。

海洋生态系统的服务功能

海洋生态系统服务功能是指一定时间内特定的海洋生态系统及其组成部分为人类提供的赖以生存和发展的产品和服务。海洋生态系统服务功能大致上包含食品生产、原料生产、氧气生产、提供基因资源、气候调节、废弃物处理、生物控制、干扰调节、休闲娱乐、文化价值、科研价值、初级生产、营养物质循环、生物多样性维持等 14 项基本功能。

海洋服务功能的文化功能——休闲娱乐

根据海洋生态系统服务功能的相似作用和性质，可将这些功能合并为供给、调节、文化和支持四大类功能。

供给功能是指海洋生态系统为人类提供食品、原材料、提供基因资源等产品，从而满足和维持人类物质需要的功能。

调节功能是指人类从海洋生态系统的调节过程中获得的服务功能和效益。

文化功能是指人们通过精神感受、知识获取、主观印象、消遣娱乐和美学体验等方式从海洋生态系统中获得的非物质利益。

支持功能是指为海洋生态系统物质功能、调节功能和支持功能提供所必需的物种多样性维持和提供初级生产的保证的功能。

这些海洋生态系统服务功能是海洋生态系统及其生物多样性的整体性表现，是生物与生物、生物与环境相互作用的结果，也是海洋生态系统对人类的贡献。

海洋生态系统围隔实验

在用人工方法把自然海水围成的相对封闭的生态系统内，研究海洋生态系统结构、功能及其变化的实验称为海洋生态系统围隔实验。这种围隔的水深介于 1～10 米之间，海水与周围海水不能进行交换，不会受到潮流和水平扰动的影响，但与周围的自然环境极其相似，能够很好地解决在天然海域中试验条件差异较大的问题，使实验结果更具有客观性。围隔按水体积大小可分为3类，即小尺度围隔（1～10立方米）、中尺度围隔（10～100立方米）、大尺度围隔（>100立方米）；按生态系统类型可分为浮游生态系围隔、浮游—底栖生态系围隔和底栖生态系围隔；按基质可分为软底围隔、岩基围隔和悬浮围隔。

围隔式实验装置

目前，国内外围隔实验的研究的内容大体上包括4个方面：①海洋生物自然生态研究。主要研究浮游生物的种群结构、组成和环境之间的关系，食物链不同营养阶层生物之间的物质和能量的转移，并在此基础上建立数学模型。②污染生态学研究。例如，营养盐、重金属、石油和农药等污染物在生态系统中的迁移转化及其对生态系统结构、功能的影响。③渔业资源学研究，尤其渔业资源是对生物资源补充及对其造成影响的因素的研究。④海——气界面通量和水——沉积界面的相互关系的研究。1984～1987年，国家海洋局第三海洋研究所、山东海洋学院和厦门大学等单位同加拿大科学家合作，在厦门进行围隔式生态系统实验工作，在20米×10米×5米的陆基水池中做了油和重金属对海洋生态系统的影响实验。

海洋生物入侵

海洋生物入侵是指非本地海洋物种由于自然或人为因素从原分布海域进入本地海域（进化史上不曾分布）的地理扩张过程。外来海洋生物一旦入侵到新的适宜生存的区域中，就可能发生不可控制的“雪崩式”大量繁

大米草

殖，疯狂地掠夺当地生物的食物，造成有害寄生虫和病原体的大面积迅猛繁殖，使生物多样性减少，而且使系统的能量流动、物质循环等功能受到影响，严重者会导致整个生态系统的崩溃。外来海洋生物的入侵降低了区域生物的独特性，打破了维持全球生物多样性的地理隔离。

目前，国际自然资源保护联合会公布的世界上100种最危险的外来生物物种中已有一半入侵到中国。大米草就是对中国造成越来越严重的生物入侵危害的新案例。20世纪60～80年代，福建省分别从英、美等国引入大米草时的初衷是抵御风浪和保滩护岸，但因其密集生长，抗逆性与繁殖力极强，原先生长红树林、海草的地方被挤占，儒艮及鱼、贝、虾、蟹等生物失去栖息环境，导致滩涂生态失衡、航道淤塞、海洋生物窒息致死，因而被称为“害人草”。现在大米草已经传播到北起辽宁锦西，南至广西合浦的100多个县市的沿海滩涂，以及黄河三角洲、渤海湾等处，严重威胁我国海岸生态安全。

滨海湿地

滨海湿地是一种特殊的湿地类型。我国的学者陆健健将其定义为陆

海滨湿地

缘为含60%以上湿生植物的植被区，水缘为海平面以下6米的近海区域，包括江河流域中自然的或人工的、咸水的或淡水的所有富水区域（枯水期水深2米以上的水域除外），不论区域内的水是流动的还是静止的、间歇的还是永久的。简言之，滨海湿地是指低潮时水深浅于6米的水域及其沿岸浸湿地带。

滨海湿地处于海陆交错地带的边缘区域，受海洋和陆地双重作用。其复杂的动力机制造成了复杂多样的滨海湿地类型，包括永久性浅海水域、河口水域、海草床、珊瑚礁、岩石性海岸、沙滩砾石与卵石滩、滩涂、盐沼、潮间带森林湿地、咸水或碱水潟湖、海岸淡水湖和海滨岩溶洞穴水系等。

滨海湿地除了具有湿地的普遍功能，如抵御洪水、调节径流、蓄洪抗旱、降解污染、调节气候、控制土壤侵蚀、促淤造陆、美化环境外，还具

有许多独特功能，包括：减弱海流对海岸的侵蚀；防止海水入侵，减轻海水倒灌导致的土壤盐渍化；形成海景、海滩等独特的旅游资源；为洄游鱼类提供生长繁殖所需的环境等。

海洋缺氧区

海洋缺氧区又称为海洋低氧区，是指海水中缺氧，海洋生物难以生存的区域。丰富的有机物和稳定的水体环境是形成缺氧区的必要条件。海水中有机物含量过高，其氧化分解会消耗大量的溶解氧。海水中的溶解氧主要来源于大气和光合作用，透光层以下水体中氧的供应主要依赖表层水体的移流和扩散作用，当有温跃层存在时，上下水体交换不畅从而阻断表层海水和下层海水进行氧气交换，这时就会出现缺氧区。

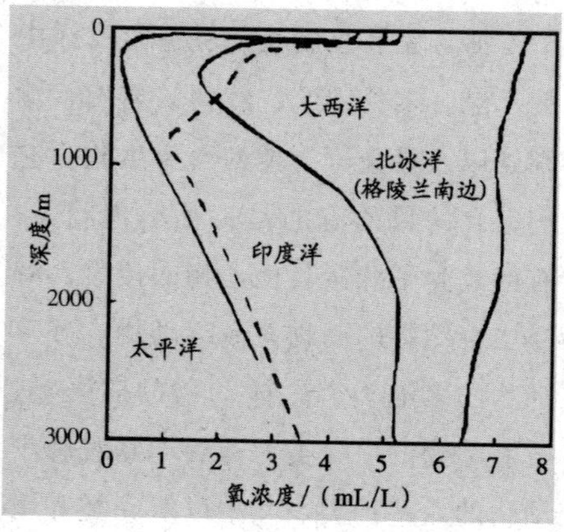

海洋氧含量的垂直分布图

在我国，每年八～九月，长江口海区的氧含量最低。但每当台风来临，氧含量趋于正常，台风过后，氧含量又回到低谷状态，这是因为台风等风暴潮会影响水体的结构，打乱原有的稳定的温盐跃层，水体交换频繁，氧含量得到迅速补充。所以，低氧区大都出现在稳定的水体中，常受大风浪影响的海域一般不会存在低氧区。

近年来，随着海洋有机污染的加重，海洋缺氧区的面积逐年扩大。缺氧区主要分布在城市化程度高、人口密集城市的海岸地区、近海岸河口区域以及部分海湾。缺氧区面积的逐年扩大，严重威胁着海洋生物的生存，影响海洋生物种类和数量的变化，危害海洋生物多样性，进而影响海洋生态系统结构的稳定性。

海洋自净能力

海洋自净能力是指海洋通过其自身的物理、化学和生物作用，使污染物浓度自然地逐渐降低乃至消失的能力。净化速度一般表示为浓度下降率或与污染物有关参数的变化率。海洋自净是一个错综复杂的自然变化过程，按其发生机理可分为：物理净化、化学净化和生物净化。三种过程相互影响、同时发生或相互交错进行。

海洋自净能力已不堪重负

物理净化主要发生于河口和内湾。径流带入的污染物受海水稀释，污染物不断向外海扩散，一些杂质被吸附在固态物体上，另一些沉淀在水底，具有挥发性的污染物还可以逐渐气化，这都使水体不断净化。净化速度主要取决于水平流动和湍流扩散等物理过程的快慢。

化学净化主要是污染物在海水中发生氧化还原、化合分解、吸附凝聚、交换和络合等化学反应转变成无害物质甚至消失。如有机污染物经氧化还原作用最终生成二氧化碳和水等；汞、镉、铬、铜等金属离子在海水酸碱度和盐度变化影响下，离子价态可发生改变，从而改变毒性或由胶体物质吸附凝聚共同沉淀于海底。

生物净化是通过微生物和藻类等生物代谢作用，将污染物质降解或转化成低毒或无毒物质。例如，将甲基汞转化为金属汞，将石油烃氧化成二氧化碳和水。

由于海洋辽阔，自净能力也大，人们一直把它看成是天然的最大净化池而任意倾废或排污，但海洋的自净能力并不是没有限制的。为了合理利用海洋环境自净功能，保护和改善海洋环境，研究和掌握海洋环境自净机理，是海洋环境科学研究的一项重要任务。

海洋钻孔生物

海洋钻孔生物是能够穿凿海洋中的木船、木竹建筑、红树、岩石、珊瑚礁以及贝壳等物体的海生生物。它们钻孔的目的有的是为了填饱肚子，有的是为了躲避其他动物的侵害。海洋中会钻孔的动物有海绵动物、环节动物的多毛类、软体动物的双壳类、节肢动物的甲壳类、苔藓动物和棘皮动物的一些种类，其中以双壳类和甲壳类最为重要，危害也最大。海绵类

海洋钻孔生物能穿凿岩石

中的穿贝海绵、多毛类中的某些才女虫和一些苔藓动物经常穿凿扇贝、牡蛎等经济贝类，使其生长受到影响。棘皮动物中的球海胆等能用坚硬的棘穿凿珊瑚礁等。软体动物中的住石蛤、钻岩蛤、石蛏等以及海笋科中的许多种类都能穿凿岩石、珊瑚礁和贝壳等。软体动物双壳类的船蛆科、甲壳类中的蛀木水虱等穿凿木材并以木材为饵料，会严重破坏木船和海港、码头的木、竹设施。

海洋钻孔生物中研究最多的是船蛆科生物，一共有 60 多种，中国沿海已发现 10 多种。海洋钻孔生物长期地在木、竹中生活，它们的贝壳已经退化，仅剩下很小一部分包裹在身体前面，成为钻洞的工具。船蛆、马特海笋、蛀木水虱和光背团水虱等 4 类代表性物种在我国沿海最为常见。防除海洋钻孔生物的方法有：船只定期上岸，用手工清除污物、用淡水冲洗；用烟熏火烤，烤干后表面涂刷配制石灰水；船在海中航行一段时间后，再到江河淡水中航行一段时间；用铅包覆木船的船底；船体涂刷防污漆；焦油压入木材等。

入海河口生态系统

河口是地球上海水和淡水交汇和混合的、介于陆海两类生态系统之间的交界地带。河口生态系统是河口环境生物群落与周围环境相互作用构成的自然系统，具有相对稳定功能并能自我调控。就入海河口而言，它是一个半封闭的海岸水体，与海洋自由沟通，海水在其中被陆域来水所冲淡。

河口生态系统

根据动力条件和地貌形态的差异，一般把河口分为河流近口段、河口段和口外海滨。河流近口段以河流特性为主，口外海滨以海洋特性为主，河口段的河流因素和海洋因素则强弱交替地相互作用，有其独特的性质。

河口的主要特征之一是盐度的变化，涨潮时盐度增高，退潮时盐度降低；雨季时盐度近似于淡水，干季时近似于海水。因为冬季河水较海水冷而夏季较海水暖，所以河口区温度变动较沿海和外海大。河口的水中含有一定量的泥沙，透明度比外海水域低。

河口的底层往往被泥沙覆盖，底泥中含有丰富的、主要来自沿潮线以上的植物等的有机碎屑。这些植物主要由温带区沼泽草地的水草和芦苇或热带区的红树组成。河口动物主要来自海洋，许多浅海种类，即生活在大陆架浅水域的种类，在洄游入海前把河口作为索饵场。

海水与海洋污染

海水的化学需氧量又称化学耗氧量（chemical oxygen demand，COD_{Mn}），是利用高锰酸钾作为氧化剂，将海水中可氧化物质（有机物、亚硝酸盐、亚铁盐、硫化物等，但主要是有机物）氧化分解，然后根据残留的氧化

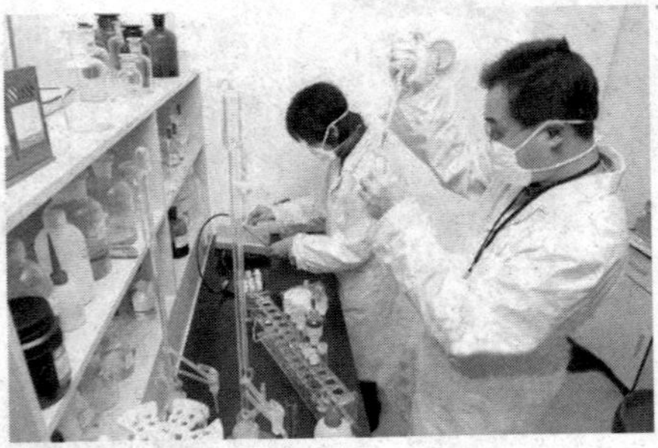

海水检测

剂量计算出氧的消耗量，单位为毫克/升。COD_{Mn} 和生化需氧量（BOD）都是表示水质有机污染程度的重要指标。COD_{Mn} 的值越小，说明海水污染程度越轻，水质越好，COD_{Mn} 的值越大，说明水体污染程度越严重。相应的，水中溶解氧含量越低，水中需氧生物将因缺氧而死亡。根据《中华人民共和国国家标准海水水质标准》（GB3097—1997），我国的海水水质分为四类，对 COD_{Mn} 浓度的限值要求分别为：2 毫克/升（Ⅰ类），3 毫克/升（Ⅱ类），4 毫克/升（Ⅲ类），5 毫克/升（Ⅳ类）。

深海环境研究

深海通常是指 1,000 米以下的海洋，是地球系统中关键而又不为人知的部分。那儿面临高压、低温或高温、黑暗及低营养水平等极端环境，

深海探测

长期以来一直被认为是一片“荒芜的沙漠”。早在1960年，美国“的里雅斯特”号载人潜水探测器就在马里亚纳海沟下潜了10910米，并由此拉开了人类深海探险活动的序幕，但最早实施深海环境研究计划的国家却是日本。1971年成立的日本海洋科学技术中心JAMSTEC（2004年重组为日本海洋地球科学与技术部）从1991年就开始实施了“深海之星（Deep Star）”项目，专注于研究深海环境的微生物。项目组成员建造了令人难以置信的深海科研设备，如载人深潜器“深海（SHINKAI）2000”、“深海（SHINKAI）6500”及1万米级遥控无人探测器“海沟”号，从深海获得了1,000多株嗜压、嗜冷、嗜热（110℃～150℃）、嗜碱及耐有机溶剂的极端细菌。1995年，JAMSTEC研究人员成功地探测了世界上最深的马里亚纳海沟，从传回的图像中可清晰地看到游动着数条小鱼。然而，此前人们一直以为鱼儿能生存的最深水深是8,370米呢！在从1万米深海海底采回的泥浆中，科研人员检测到180种微生物。

近年来，新一轮的深海环境研究计划已经开始。

利用海水自净能力治理海洋污染

城市生活污水通过适当方式向深海排放，在海洋的自净能力范围内，并不会对海洋水质和生态功能造成显著影响，还可节约大量治污资金。因此，污水深海排放在一定程度上是可行的。在澳大利亚的悉尼市等沿海城市，大约有80%的生活污水在进行浅度处理后进行深海排放。一些滨海城市采用岸边排放生活污水的方式是相当不合理的，因为近岸海域对污染物的降解速度远不如深海快，还会直接污染到海滩和近海的海洋自然保护区、海滨风景名胜区等重要保护对象，对保护近海海洋环境十分不利。

当然，为了防止海洋环境污染，深海排放必须经过充分的工程设计和技术论证。《中华人民共和国海洋环境保护法》第三十条规定：在有条件

利用海水自净能力治理污染

的地区，应当将排污口进行深海设置，实行离岸排放。设置陆源污染物深海离岸排放的排污口，应当根据海洋功能区划、海水动力条件和海底工程设施的有关情况确定，具体办法由国务院规定。我国《防治海洋工程建设污染管理条例》第二十三条规定：污水离岸排放工程排污口的设置应当符合海洋功能区划和海洋环境保护规划，不得损害相邻海域的功能。污水离岸排放不得超过国家或者地方规定的排放标准。在实行污染物排海总量控制的海域，不得超过污染物排海总量控制指标。

绿牡蛎事件

1986 年 1 月，我国台湾省高雄县二仁溪口海域养殖户发现，自己养殖的牡蛎呈现奇怪的绿色，人称“绿牡蛎”事件。后经研究表明，附近的废五金处理厂排放的含铜废水，是导致牡蛎变绿的主要原因。二仁溪位于高雄县、台南县与台南市三个地区的交界处，这里人口稠密，工厂林立。废五金处理厂在对废电线电缆、电子零件、电路板等进行酸洗时，所产生的废液中含有大量的铜离子。这些废水与其他工业废水大都未经处理就直接排至二仁溪，顺流进入河口附近海域，长期的污染造成海水铜浓度过高，并被养殖牡蛎吸收富集。实测结

绿牡蛎事件并非台湾地区独有

果显示，该海域的牡蛎含铜量高达 4,410μg/g（干重），富集系数超标 50 万倍！一般当牡蛎体内累积的铜超过 500μg/g（干重）时，肉眼看上去呈绿色，但是即使体内含铜量高达

4,500μg/g（干重），牡蛎的生长仍然不受影响。随后几年，台湾新竹香山、台南安平附近海域养殖的牡蛎也相继出现轻微变绿的现象，其铜含量大都介于600～800μg/g（干重）之间，变绿原因亦和铜污染有关。

绿牡蛎事件并非我国台湾地区独有，在英国、澳大利亚和美国都曾经因船舶污染或工业污染而使其附近海域的海水铜浓度增加，早在1886年，兰克斯特（Lankester）就发现了肉体变绿的牡蛎，称其为“患绿色病（greensick）的牡蛎”。

五日生化需氧量

生化需氧量又称生化耗氧量（biochemical oxygen demand，BOD），表示水中有机污染物经好氧微生物分解时所需的溶解氧量（单位毫克/升），是评价水质的常用指标。生化需氧量越高，表示水中的需氧有机污染物质越多。

有机污染物经微生物氧化分解的过程一般分为两个阶段：第一阶段，主要是有机物被转化成二氧化碳、水和氨，即碳化阶段；第二阶段主要是氨被转化为亚硝酸盐和硝酸盐，即硝化阶段。第二阶段对环境质量影响较小。废水的生化需氧量通常是指第一

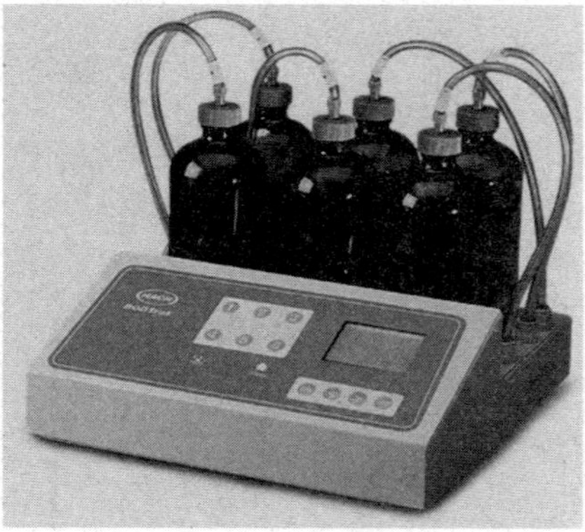

五日生化需氧量测定

阶段有机物生物进行化学氧化所需的氧量。

因为微生物活动与温度有关，所以测定生化需氧量时，一般以20℃作为测定时的标准温度。这时，一般生活污水中的有机物需要20天左右才能基本上完成第一阶段的氧化分解过程，即要测定第一阶段的生化需氧量至少需要20天时间，这在实际工作中常常比较困难。目前都以5天作为测定生化需氧量的标准时间，简称五日生化需氧量，用 BOD_5 表示。

海洋中的生物泵

海洋浮游植物通过光合作用吸收大气中的 CO_2，释放出氧气，并且成为海洋食物链中其他各级生物的有机质食物来源。海洋浮游生物同时产生各种钙质生物骨骼或壳体，死亡后的

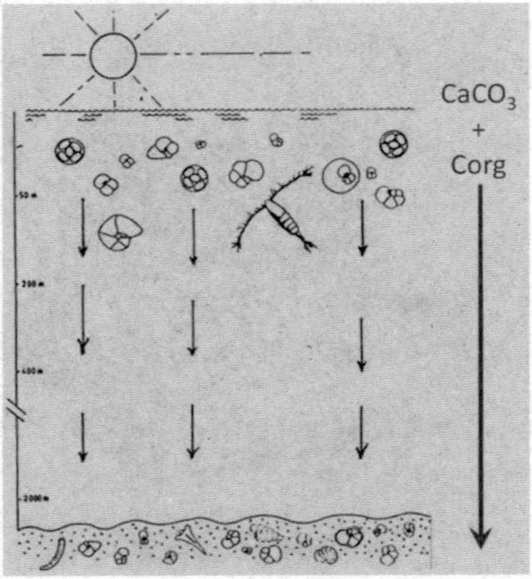

大海中的生物泵示意图

残骸逐渐沉降到洋底——这就犹如一个“泵”，将上层海水中的 CO_2 最终“抽提”输送到洋底沉积物之中。这个通过光合作用将无机碳固定为有机物，之后在食物网内的转化、物理混合、输送及重力沉降等的综合过程被称为“生物泵”，其“引擎”受浮游植物吸收碳的速率（光合作用速率）的影响，它的初级生产力是生物泵运转的“发动机”。

对于各种有机、无机形态碳之间的循环，以及碳从表层向深海的输送，除了生物泵的作用外，还有物理泵的作用。物理泵的驱动力来自海洋缓慢的环流及冷水中 CO_2 溶解度高于温暖水体。在高纬度海域，特别是北大西洋和南大洋，冷的、密度较大的水团在沉降至海洋内部前吸收大气的 CO_2，这些沉降的水团伴随着其他海域的上升流流动。水团到达海洋表层时变暖，CO_2 溶解度降低，因而部分 CO_2 会释放回大气中。但其综合效应的结果是将大气 CO_2 泵入海洋内部。物理泵和生物泵共同作用，增加海洋内部的 CO_2 浓度。

海洋生物的营养物质

海洋生物的营养物质是指生物需要的能促进细胞或生物体生长、保养、活动和繁殖的物质，这些物质除蛋白质、碳水化合物、脂肪、维生素和水外，还包括无机盐等，我们都称之为营养物质。

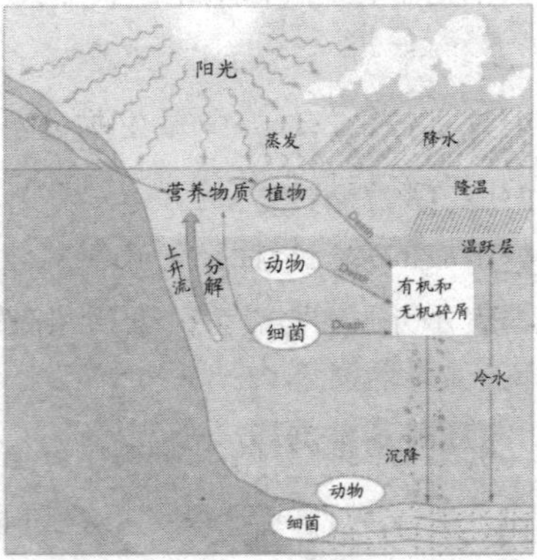

海洋生物的营养物质示意图

在海洋中，许多元素是生物生长所必需的营养元素，如 H、C、O、N、P、Si、Mg、Cl、K、S、Ca、Fe、Co、Cu、Zn、Se 等。在天然海水介质中，CO_2、SO_4^{2-}、HBO_3^-、Mg^{2+}、Cl^-、K^+、Ca^{2+}等的含量很高，它们不会限制海洋生物的生长，通常不将其称为营养盐。而一些痕量元素，如Fe、Mn、Co、Zn、Se等，由于在海水中的含量很低，一般称为痕量营养盐。N、P、Si是海洋生物生长所必需的最重要元素，也是海洋进行初级生产和食物链的基础，其在海水中的含量高低会影响海洋生物生产力与生态系统结构，反过来，生物活动又会对其在海水中的含量和分布产生明显的影响，故通常将N、P、Si称为主要营养盐（或生源要素）。

海水中营养盐的来源包括大陆径流的输入、大气沉降、海底热液作用、海洋生物的分解等。在海洋真光层中，浮游植物在生长和繁殖过程中不断地吸收营养盐，它们在代谢过程中的排泄物和生物残骸，经过细菌的分解，又将一些营养盐再生，重新回到海水中。从真光层沉降的颗粒组分，在中、深层水体部分中再次被分解，生成无机营养盐，之后通过垂直平流、扩散作用重新回到真光层，如此不断循环。

疏浚物倾倒与海洋环境

疏浚是为了保障船舶通行安全的必要活动，广泛应用于：①开挖新航道、港口和运河。②浚深、加宽和清理现有航道和港口。③疏通河道、渠道，水库清淤。④开挖码头、船坞、船闸等水工建筑物基坑。⑤结合疏浚进行吹填造地、填海等工程。⑥清除水下障碍物。疏浚物是指从河口、港口、码头、航道和其他水体底部挖掘出的物质。这些疏浚物中的绝大部分成分为天然沉积物，一小部分由于人类的活动而受到污染。疏浚物中的污染物一般分为无机物（汞、铅、铜、锌、镉等）、金属有机化合物（甲基汞、三丁基苯等）和有机物（烃类、多环芳烃类、多氯联苯等）。脱除疏浚物中污染物的方法有高温清除、高温吸附固化、分离和生物法。

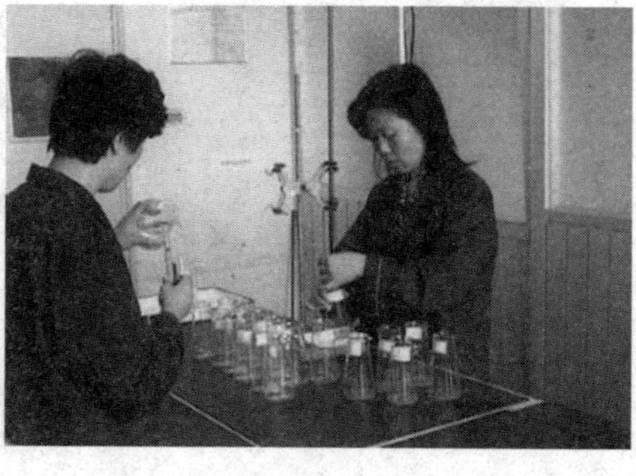

倾倒污染检测

长期以来，疏浚物主要通过两种方法进行处置：一种方法是吹填的方法，即在需要填方的地区修筑围堰，然后将疏浚物吹填在内的方法；另一种是抛泥的方法，一般在特定的海域内设置倾倒区，将疏浚物运输到此处倾倒于海。吹填施工往往出现泥水从围堰上的溢流口向外部扩散，引起二次污染的问题。当这些疏浚物进行海上弃置时，就要考虑倾倒活动对倾倒区及周边环境所产生的影响并采取相应的措施，防止对海洋环境造成污染。目前，我国年疏浚物海洋倾倒量达上亿立方米。由于海洋倾废区大部分设置在河口、近海海域，而这些海域又多为海洋捕捞、水产养殖、幼鱼幼虾保护区域，疏浚物的倾倒会影响其他海洋资源的有效利用，并可能对海洋环境造成灾害。因此，疏浚物的倾倒与其他海洋活动及海洋环境保护之间又有相互矛盾的一面。

危险废物的海洋处理

危险废物的海洋处理就是利用海洋巨大的环境容量和自净能力，使固体废物消散在汪洋大海之中。海洋处置废物方法有两种：一是海洋倾倒，二是海洋焚烧。

疏浚物的倾倒会影响其他海洋资源的有效利用，并可能对海洋环境造成灾害

(1) 海洋倾倒：固体废弃物直接投入海洋的一种处置方法。它的根据是海洋是一个庞大的废弃物接受体，对污染物质有极大的稀释能力。海洋倾倒要求选择合适的深海海域，且运输距离不要太远，又不会对人类生态环境造成影响。

(2) 海洋焚烧：是利用焚烧船将固体废弃物进行船上焚烧的处置方法。废物焚烧后产生的废气通过净化装置与冷凝器后排出，冷凝液排入海中，气体排入大气，残渣倾入海洋。这种技术适于处置易燃性废物，如含氯的有机废弃物。目前对这一方法还有很多争议。

《中华人民共和国海洋环境保护法》第五十六条规定，国家海洋行政主管部门根据废弃物的毒性、有毒物质含量和对海洋环境影响程度，制定海洋倾倒废弃物评价程序和标准。向海洋倾倒废弃物，应当按照废弃物的类别和数量实行分级管理。可以向海洋倾倒的废弃物名录，由国家海洋行政主管部门拟定，经国务院环境保护行政主管部门提出审核意见后，报国务院批准。

温排水与海水温度

温排水是指用作电厂凝结器的冷却水，温度升高约 8℃～10℃后重新排回海洋、湖泊、河流、水库的那部分水。水域中大量温排水的存在，使受纳水体温度升高，扰乱了水体原有的温度分布，出现了质量、能量的递变和重新分配，对水域的水质和生态产生很大的影响。

水域中大量温排水的存在，对水域的水质和生态产生很大的影响

1984 年联合国海洋污染专家组就曾对此问题做过研究。研究结果显示，水温的升高会使饱和溶解氧降低，加快有机污染物的分解速度和水生物呼吸，引起耗氧量显著增加，一些有毒的浮游生物大量繁殖，容易引起赤潮；水温的增加会提高水中有毒物质的毒性和水生生物对有害物质的富集能力，某些污染物的毒性增加；还有许多对温升敏感的生物，其物种的数量、种群结构、新陈代谢行为会受到明显的影响。

《海水水质标准》(GB 3097 —

1997）规定，对于第一类和第二类海水，人为造成的海水温升夏季不能超过当地、当时1℃，其他季节不超过2℃；对于第一类和第二类海水，人为造成的海水温升不能超过当地、当时4℃。因此，向海域排放火电厂的冷却废水，必须采取有效措施，保证邻近渔业水域的温度符合该标准要求。

污水海洋处置

污水海洋处置是指将污水由陆上处理设施经放流管和污水扩散器从水下排入海洋的处理方式。《污水海洋处置污染控制标准》规定：污水海洋处置的排放点必须选在有利于污染物向外海输移扩散的海域，不得影响鱼类洄游通道，不得影响混合区外的邻近功能区的使用功能；必须综合考虑排放点所在海域的水质状况、功能区的要求和周边的其他排放源；对污染物排放总量实施控制的重点海域，应考虑该海域的污染物排放总量控制指标；污水通过放流系统排放前须至少经过一级处理；污水排放不得导致纳污水域混合区以外生物群落结构退化和改变，不得导致有毒物质在纳污水域沉积物或生物体中富集到有害的程度。

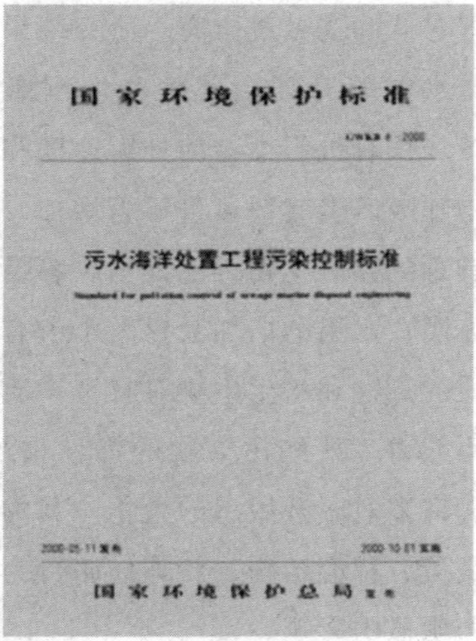
国家环境保护标准

污水海洋处置工程污染控制标准

2000-05-11发布　　2000-10-01实施

国家环境保护总局 发布

《污水海洋处置污染控制标准》

沿海生态系统

沿海生态系统是地球生态系统的5个子系统之一，它包含的子系统有潮间带生态系统，大型海藻场，沙滩生态系统，河口、盐沼和海草生态系统，红树林沼泽生态系统，珊瑚礁生态系统等。

潮间带生态系统是高低潮线之间的海域，是海洋与陆地之间的过渡带，受潮汐的影响强烈，环境梯度明显，环境类型多样。大型海藻场，是由冷温带的潮下带的硬质底上生长的大型褐藻类植物等构成的生态系统。沙滩生态系统，其生物组成特点是生物个体很小，大型种类多为穴居，肉眼不易观察。

沙滩生态系统，其生物组成特点是生物个体很小，大型种类多为穴居

河口、盐沼和海草生态系统，其形成于海水和淡水交汇和混合的部分封闭的沿岸海湾。红树林沼泽生态系统，红树林泛指一群生长于热带及亚热带沿海潮间带泥质湿地的乔木或灌木。

珊瑚礁生态系统，分布在南北半球 20℃ 等温线范围内，由生物作用产生碳酸钙沉积而成。

溢油风化

溢油风化是指在石油的开发、运输、加工过程中，石油或烃类溢散到海面后其组分和性质随时间的变化。“风化”是物理作用、化学氧化和生物降解等在自然状态下综合作用的结果。

风化过程主要包括：(1) 溢油的扩散作用，即原油在海水表面受重力和表面张力作用下由厚变薄，向四周呈圆形匀速扩散的过程；②溢油漂移，即由风和海流引起的油膜运动；③蒸发作用；④溢油溶解，即石油中的低分子烃在海水中分散的一个物化过程，也是一个自然混合过程；⑤乳化作用，是水包油分散向油包水乳化液变化的过程；⑥吸附沉淀，指溢油在海洋中经过蒸发、乳化等变化后，其密度增加，有些重残油的相对密度大于 1，在微成水或淡水中下沉；⑦光化学氧化，在有氧条件下，自然光的作用使许多石油烃转化为具有化学和生物活性的化合物；⑧生物的降解作用。

海上溢油

二甲基硫与酸雨酸雾

二甲基硫是全球硫循环中的一种重要硫化物。它参与酸雨酸雾的形成过程，在大气化学和生物地球化学中占具重要的位置，对气候和环境产生重大影响。二甲基硫是海水中含量最丰富的有机硫化物，海—空通量约为

(0.6～1.6)×10^{12}摩尔/年，占海洋中硫释放量的55%～80%。海洋中的二甲基硫主要是通过生物活动产生的，大约95%的二甲基硫来自于海洋中浮游生物的生产与转化。二甲基硫的产生途径包括海藻的同化硫酸盐还原、前体物二甲基磺酸丙酯的合成与释放等过程。二甲基硫的生成受到海洋环境中各种生物因子和非生物因子的影响。海水中的二甲基硫一旦生成就会立刻受到各种各样的作用而被转化、降解或进入到大气中去。影响海水中二甲基硫转化的因素很多，其中细菌的降解、光的化学氧化和海—空扩散是三个最为重要的影响因素。二甲基硫在海水表面浓度分布并不均一，近岸高生产力海域中的二甲基硫含量一般高于低生产力的大洋海域。二甲基硫主要存在于海洋真光层中，其在表层海水中的分布还表现出一定的周期变化。

世界不同海域中二甲基硫的浓度和通量

区域	面积/($10^6 km^2$)	平均浓度/($nmol \cdot L^{-1}$)	总通量/($10^{12} g \cdot a^{-1}$)(以S计)
沿岸和赤道上升流区	86.5	4.9	6.4～22.4
沿岸陆架海域	49.4	2.8	3.2～6.4
热带低生产力海区	148.3	2.4	6.4～19.2
温带海区	82.8	2.1	3.2～9.6

溢油扫海面积

海上溢油之后以油膜的形式覆盖在海面上，在重力扩展、风应力及水动力的作用下进行漂移运动。不同时刻油膜所经过海面的总面积，即称之为溢油扫海面积。

溢油在海洋水体中的运动主要表现为两种过程：在平流作用下的整体位移和在剪流和湍流作用下的扩散。

溢油事故一旦发生，后果十分严重

通过数值模拟，可以计算特定时刻溢油质点的漂移位置、漂移轨迹以及溢油的扫海面积。溢油扫海面积的计算对于海上溢油的应急处理非常重要，溢油事故一旦发生，后果十分严重，必须在短时间内加以控制，将溢油扫海面积控制在最小的范围。

保护海洋环境

海洋自然生态环境问题不容忽视

近几十年来，在人类大规模向海洋进军的同时，海洋生态环境被破坏的程度也越来越严重，长此以往，海洋资源将减少，海洋自然灾害更难以防治。海洋环境的恶化，已使人们认识到保护和保全海洋生态环境的重要性。

当前，海洋自然生态环境遭到破坏的现象主要表现在以下几个方面。

海水污染

海水中存在自然污染现象，如动植物尸体的腐败、有毒微生物的繁殖等。但是海水也有自净的能力，污染和自净之间保持着某种平衡。然而海水的自净能力的速度远远跟不上污染的速度，人为的污染越来越严重，使海洋自然生态环境失去平衡。

航海业的发展，航船数量增多，船上大量垃圾倾入海中，这些都会造成海水污染。

石油污染是海水污染的一个重要方面。海上油气井难免要产生油气泄漏，另外，油船在航运过程中有3%的石油漏入海中。油船卸油后要用海水压舱，装油前则要抽出海水，并要清洗，最后又把大量油水混合物排入海洋。据统计，每年排入海洋的石油和石油污染物多达1,000万吨。

海水污染不容忽视

核污染也不可小视。核动力舰船排出大量放射性废物；核动力舰艇及携带核武器的舰艇或者飞机失事沉入海底，都会造成可怕的核污染。有的国家在海洋珊瑚岛上或水下进行核试验，直接造成海水核污染。

最重要的污染源来自陆地，全球每年往海里倾倒的垃圾多达200亿吨以上，每年仅往北大西洋东部的北海倒入的垃圾就有1亿吨以上。垃圾中有玻璃制品、塑料制品、放射性废料、化学毒品、重金属等。濒海国家的沿海、沿河地带是人口密集、工业发展最快的地带，大量的生活污水和工业废水有的排入河中，有的直接排入海中，这些水中有酚、水银、铅、磷、硝酸盐、铬、锌、铜等，排入河中使河流成为毒河，再流入海中又使海水受到污染。据调查，每年注入渤海的工业废水达28亿吨，各类污染杂物共70多万吨。1997年，渤海无机氮超标66%，无机磷超标68%，油类超标63%。近来，更有学者发出呼吁：如果再不对这些污染加以治理，渤海有成为“死海”的可能性！

海岸带环境受到破坏

海岸带的湿地、滩涂，由于大量的围海造田、围海养殖等活动，其自然景观受到严重破坏，一些重要经济鱼类、虾、蟹、贝类的生息场所消失，许多珍稀濒危野生动植物绝迹，这也大大降低了滩涂湿地调节气候、储水分洪、抵御风暴潮及护岸保田等能力。

海岸环境受到破坏

由于长期的围垦和砍伐，许多沿岸红树林已经退化为残留次生林和灌木丛林。红树林的被破坏，不仅使一些珍贵的树种消失，也使林地的鱼、虾、蟹、贝减少，林中候鸟绝迹，还使海岸防潮、防浪、固岸、护岸功能降低。

海中珊瑚礁是一种观赏品，还可用来制药、烧制石灰，因而成为沿海地区采捞的对象。过度的开采，使岸边珊瑚礁迅速减少，其结果也使丰富多彩的珊瑚礁生物群落遭到破坏。更严重的后果是使岸滩抵御台风、风暴潮的能力降低，可能引发海岸后退、树倒房塌等灾害。

目前一些入海河流因为在上游建坝蓄水，入海水量减少，造成干旱地区的河流季节性断流，河口三角洲退化，河口渔场消失或外移，河口洄游生物失去通道而衰退或绝迹，导致生态环境大大地恶化。

海洋动物锐减

海洋动物的种类和数量的大量减少主要是由海水污染和过度捕捞引起的。海水污染是一些沿岸和滩涂海洋生物的灾难，污染致使一些重要的经济鱼、虾、蟹、贝类失去生存条件，数量和种类都大为减少。例如，我国有的沿海城市，三四十年前贝类论堆卖，现在贝类在这里不仅价格暴涨而且已很少能见到。美国的切萨皮克湾的水产原来十分丰富，尤其是蓝蟹最负盛名，然而，由于人们在海湾四周无休止地开发，滩涂面积减少，城市垃圾、生活污水和工业废水直接或通过河流入湾，毒害湾中生物，蓝蟹现已近于消失。另外，流域农牧业的发展又使营养丰富的径流进入海湾，导致浮游藻类急剧增长，阻碍了水下光照，水下植物因失去光照而逐渐消失，同时藻类死亡和分解时又消耗水中氧气，使海洋动物生存环境日益恶化。

过度捕捞是海洋动物锐减的又一个重要原因。第二次世界大战后，世界各国渔业发展迅速，1950 年世界渔获量仅 2000 万吨，到 1989 年已达 9000 万吨。掠夺性的捕捞使鱼类大量减少，如美国新英格兰沿岸的鳕鱼、比目鱼减少了 65%，北海已有 50%的鱼种绝迹。有些国家在海上用流网捕鱼。这种流网被称为“死亡之墙”。一条船挂几十个流网，而且还使用细眼的“绝户网”，一网过去，大鱼小鱼一扫而光。

污染加上过度捕捞，使许多海洋动物中的珍稀物种濒临绝种或在某些海区绝种，从而又使一些原来数量很多的物种成为了珍稀物种。

捕捞过度

保护和保全海洋环境刻不容缓

污染海洋，就是危害人类自己；保护海洋，就是保护人类的生命！当前，全世界应当共同努力，采取切实可行的措施，保护保全人类共同依赖的海洋环境。目前应该在如下几方面采取行动：

保护海洋环境

①对海洋环境进行调查、监测，进一步加强对海洋的管理。海洋环境调查和监测是海洋环境管理的重要组成部分和基础性工作。只有对海洋环

境现状和发展趋势摸清楚，才能有针对性地采取切实可行的对策和有力的措施，改善、保护和保全海洋生态环境。

②制订和执行海洋环境保护法规。我国对海洋环境保护十分重视，1982 年就颁布了《中华人民共和国海洋环境保护法》，还相应颁布了《防止船舶污染海域管理条例》、《海洋石油勘探开发环境保护管理条例》、《海洋倾废管理条例》、《自然保护区条例》、《水污染防治法》等 10 多个条例，10 余项部门规章和海水水质标准等，形成了比较完整的海洋环境保护法规体系。有关部门认真贯彻执行这些法规，取得了重大的成果。

③采取可行的海洋环境保护措施。

a. 减少陆源污染物的入海量。主要措施有调整沿海大中城市工业布局，对污染严重的企业要定期治理或关、停、并、转、迁，建设污水处理厂，开展三废综合治理利用等。

b. 对港口、运输船舶和钻井船装备安装油水分离装置和含油污水接收处理设施。

c. 各油田配置围油栏、化学消油剂和溢油回收船。

d. 建立海上疏浚物倾倒区、空中放油区，建立倾倒许可制度，并加强对倾倒区的环境质量监测，逐步停止在海上倾倒工业废物，禁止工业废物和阴沟污泥在海上焚烧。

e. 严格禁止在海上处理一切放射性物质。

f. 实行海岸带综合管理，如对以煤和油为燃料的船舶的海滨砂矿开采、近海油气开发、工业化的捕捞和养殖、海岸工程的建设、沿海地区工业的发展和人口的增加，滩涂围垦和围海造地，过度抽取地下水，以及各种海洋资源的开发利用等活动实行综合管理。

g. 限制捕捞数量、实行休渔制度和渔船报废制度，禁止使用各种围网捕鱼；投放人工渔礁，促进鱼类繁殖，保护水产资源。

h. 建立各种自然保护区，如红树林自然保护区、珊瑚礁自然保护区、滩涂湿地自然保护区、海洋生物多样性自然保护区、珍稀濒危物种自然保护区等。

④加强国际合作，保护海洋生态环境。世界海洋是一个整体，也是全人类共同的资源宝库。国际上目前已经十分重视这项工作，如 1982 年的《联合国海洋法公约》等一系列海洋法规的制订，各涉海国际组织的频繁

活动，1992 年召开的“联合国环境与发展会议”通过《21 世纪议程》等。我国是一个海洋大国，在这方面也已做了大量的工作。我国相继加入了国际海事组织等近 20 个涉海国际组织，参加了《联合国海洋法公约》的制订工作，并于 1996 年批准了该公约。我国还参与许多国际协定的制订工作，并与几十个国家签订了大量的双边和多边协定。我国在和各国海洋科技合作与交流活动中作出了积极贡献。

海洋的物质环境

大洋区与海底构造

大洋区是指远离大陆架和浅海的开阔海域，它是海洋的主体。大洋区的面积广大，约占地球表面积的50%，同时它也是地球上生命最密集的地方。没有人能确切地说出广阔的大洋区内到底栖息着多少种生物，科学家们估计，安家于此的生物大约有50万到1亿种之多。

人类对于大洋区的了解非常有限。由于大洋区涵盖的水域过于巨大，

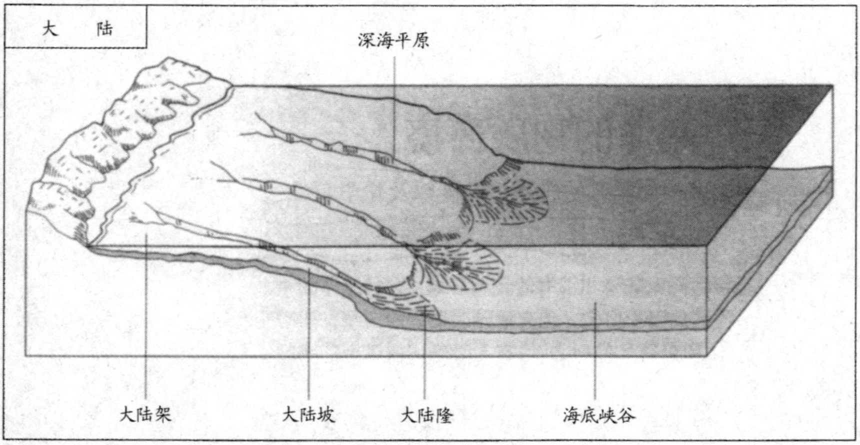

海底在从大陆架过渡到大陆坡的过程中，走势会明显陡峭起来。海洋的深度也在迅速增大。在大陆坡上常常会存在一些海底峡谷一类的地质构造。在大陆坡的终结处会出现海底隆起。向大洋深处继续前进，海床的结构将呈现出广阔的深海平原

使得人类对其进行探索的难度不亚于探索外层空间。同时，这片未知领域的水深也是对研究工作的一个阻碍，深海勘探技术只是在近40年才有所突破。技术的发展为我们带来了诸如深海摄影机、载人深海潜艇、遥控水下机器人等探索海底秘密的工具。

尽管从表面上看，大洋区是一片一望无际的水平面，但海却不像它的表象那样简单而统一。大洋是一个极其复杂的系统，时时刻刻受到地理、化学、物理、生物等众多外界因素的影响。任意从大洋中选择出1,000个不同地域，它们的水文性质都是不同的。同样，某片水域中生活着的生命无论是数量还是种类都因地点的不同而不同。

海洋的平均深度为3,700米，而所谓的“深海海床”是指水深为200～11,038米的水域。如图所示，大陆向深海延伸的过程中，会出现一个坡度明显加大的区域，这就是深海海床的边界。它取决于当地的地质环境，这种下降坡的坡度可能是走势缓慢的小山，也有可能是接近垂直的海底悬崖。在有些地区，大陆坡上会包含一些类似陆地上峡谷的构造。科学家们分析这种海底峡谷是由于河流的侵蚀而形成的。因为在远古时代，海平面比现在要低得多，现在的大陆坡是由原来的陆地演化而来。除上述原因外，少数的海底峡谷的形成应归因于海底浑浊流的侵蚀。可以说，浑浊流就是海底的泥石流，主要由水和沉淀物组成。引起这种暗流的原因是多方面的，地震或发生在大陆坡上的滑坡都可能导致浑浊流的产生。当浑浊流在大陆坡表面急剧流动时，就会对大陆坡造成侵蚀，因而形成了海底峡谷。

在大陆坡的底端，由于沉积物的不断积累而形成一个小小的隆起，称为大陆隆。总体来说，大西洋中的大陆隆数量要比太平洋中的大陆隆多一些。因为在太平洋的大陆坡底部存在着许多深不见底的海沟，容纳了部分从大陆坡流下来的沉淀物。在北冰洋和印度洋也存在着大陆隆。从大陆隆开始，深海海底开始延伸而形成广大的深海平原，其深度一般在4,500～

大陆坡的底端的海沟示意图

5,000米。深海平原并不是绝对的平坦，平原上经常会出现一些凸起的海底小山。这些海底山多半由海底火山活动和深层地壳运动形成，其中一些甚至高达1,000米。海底山在整个海底结构中占很大的比例，据估算，大西洋海底面积的50%都是海底山结构。而在太平洋，其比例更是高达80%。

在深深的海底，存在着长长的火山山脉。这些山脉绵延成一条环绕全球的海下山脊，称为中洋脊。中洋脊的形成是海底火山长年喷发的结果。现今，中洋脊附近的火山依然保持着活力。在那里，我们经常可以观察到滚烫的熔岩从中溢出。熔岩到达中洋脊表面时便会蔓延开来，在海水中冷却石化成新的大洋地壳。这一地质活动使整个海底地壳以中洋脊为轴线，不断地向两侧扩张，其过程又称为海底扩张。新的地壳在中洋脊的两侧不断生长，以每年2厘米的速度分开原有的大洋地壳。不断分开的旧地壳会在其所在板块边缘处被迫俯冲下沉。地壳下沉的区域称为“大陆俯冲带”。在俯冲带，旧地壳将沉入地幔之中，并被强大的地热液化而重新生成岩浆。如此循环往复，使地壳的新生和

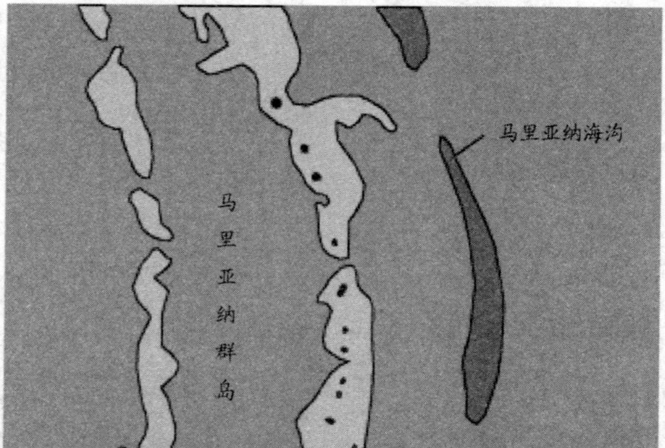

马里亚纳海沟

消亡达到消长平衡。通常，大陆俯冲带位于深海海沟之中，世界上主要的海沟，多聚集于太平洋。

地球上最深的俯冲带位于太平洋。新几内亚北部的马里亚纳海沟创造了全球海洋的深度之最。其最低点位于海平面以下 11,000 米（即 11 公里）处，完全无愧于它“挑战者深渊”的称号。如果想要量化这一深度，我们可以做一个有趣的想象：倘若把地球上的最高峰——珠穆朗玛峰（海拔高度 8,848 米）填入马里亚纳海沟，峰顶距海面还有近 3,000 米的距离！除马里亚纳海沟外，太平洋中其他重要海沟主要有三条，分别是位于南美洲西海岸的秘鲁—智利海沟、日本附近的日本—千岛海沟以及阿留申群岛海域的阿留申海沟。大西洋中存在着两条长度相对较短的海沟，分别是位于南美洲最南端海域的南三维治海沟和南北美洲中线东部海域的波多黎各—开曼海沟。

不同水域的划分

为了更好地阐述海底环境的特性，科学家们在海底中划分了许多不同的区域。尽管这些区域之间并不存在明显的界限，但每个区域都有它独特的物理、化学和生物属性。不同区域概念的引入，方便了对于海底生态和物理环境的研究。

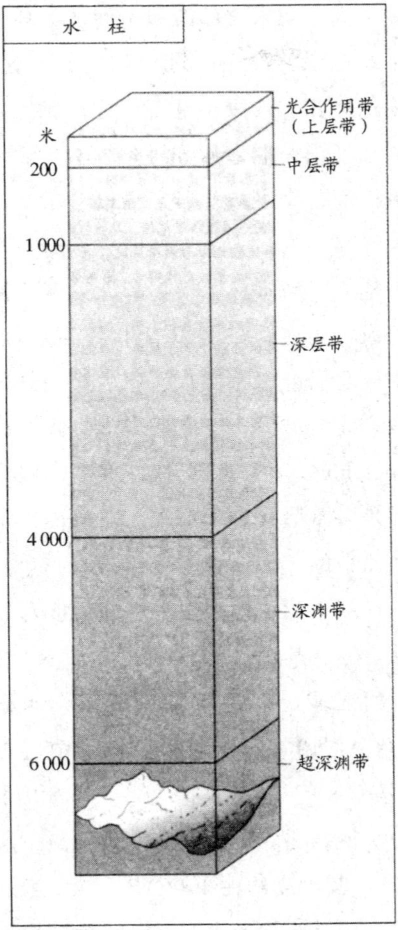

我们可以由深度的不同将水柱划分为不同的区域。其中，上层带可以从太阳吸收足够的光照，以维持其中生物的光合作用，所以又称“光合作用带”。相对来说，中层水区中的光线要昏暗得多，因此又叫做“暮色带”；由于海水透光性的限制，中层带以下的深层带和深渊带是没有阳光的黑暗世界

整体来说，海洋的表面被划分为近海区和大洋区。近海区是指从海岸线到大陆架末端的海域。而从大陆架末端开始的广阔海域被称为大洋区。无论是在大洋区还是近海区，我们都以深度为标准来划分海洋中不同的水域。而各个水域的名字是以希腊文词根来命名的。为了方便研究，海洋学家建立了“水柱”模型，即以某片深海海床为底，母线垂直上升的水柱。水柱是研究深海海水性质的模型。通常，海洋学家们把整个水柱称为“pelagic（译为远洋中的水）”，这个词是由希腊文中“海”（pelagos）衍生而来的。

图中标注了水柱中不同深度水域的名称。其中，由海平面至水下200米的区域，也是水柱的表层，叫做“光合作用带（上层带）”；“中层带（暮色带）”是指水深200～1,000米的区域；“中层带”以下是“深层带”，其深度约在1,000～4,000米之间。从4,000米往下更深的海域被划分为两个区域，其中深度在4,000～6,000米的水域被称为“深渊带”，而6,000米以下水域则定义为“超深渊带”。

与海洋中的水体类似，整个海底也依深度的不同而划分成了若干区域。在潮汐的最高峰时期，仍能保持在海平面以上不被淹没的陆地区域称为“潮上带”；那些涨潮时被淹没，而退潮时又浮出海面的区域称为“潮间带”；从退潮水位最低点一直延伸到大陆架末端的区域叫做“潮下带”。潮上、潮间、潮下三带，是近海海床的主要三种类型。由潮下带再往深海前进，则是由大陆坡、大陆隆起以及海底深渊两壁组成的“半深海带”。而所谓的“深海带”是指深度达到4,000～6,000米的海底。如果海床深度超过6,000米，则称之为“超深渊带”。海底的区域划分复杂，不过在任何一个区域中生活的动物都统称为“海底动物”。

海水的学问

在海洋学中，我们用几组物理参数来区分不同的水域。可以说，这些不同参数的数值，说明了一片特定水域的水文特征。常用的参数有：盐度、温度、密度、水溶气体分数、营养物质丰度等。通常，这些物理特性的差异可以有效地限制海洋生物的迁移。形象地说，不同的水文性质对于海洋生命造成的束缚，就好像墙壁和栅栏对于陆地动物一样难以逾越。与浅海生物的“随遇而安”不同，大洋区的生物对生存环境的要求非常苛刻。通常，只有在物理和化学参数达到某一特定值时，才能保证它们的生存。

海水晒盐

作为海水的一个重要物理参数，“盐度”指的是单位体积海水内溶解的矿物质（或盐）量。对于“海水中的盐从哪里来”这个问题，人类一直争论不休。古代的智者们认为在深海的海底存在着一个“盐的源泉”，海中所有的盐都是从中而来。现今，科学家们已经为我们找到了答案。现代理论认为，海水中溶解的矿物质主要来自于陆地上岩石的风化。例如石灰石、花岗岩、页岩等，都在长期的地质作用中被风化侵蚀成可溶性的矿物质。大洋中矿物质的溶解和搬运是一个极其缓慢的过程。据推测，这种过程已经进行了上百万年。除陆地作用外，还有少量矿物质来自海底火山的喷发。海底火山口喷出的高温气体含有丰富的矿物质，它们以气体的形式直接溶入水中。海水中的主要矿物质是氯化钠，即构成食盐的主要化学成分。同时，海水中还有各种各样的溶解盐，例如钙盐、镁盐、钾盐、碳酸盐、硫酸盐、溴化物等。

海水的平均盐度是35‰，即每1,000份体积的海水中，溶解有35份体积的矿物质。海洋深处，海水的盐度能保持相对恒定。但是大洋表层的海水盐度却“变化无常”。通常，任何引入淡水的过程都可以使表层海水的盐度降低。例如在多雨的温带海区，海水的盐度就相对较低；春季，两极的冰山融化，也能降低周围海水的盐度。

盐度越高浮力越大

海水的蒸发或结冰会使盐度上升。当海水结冰时，析出的盐分会被包裹在一个个“小冰泡”中，不过这只是短时间的。随后，这些盐分会突破冰的束缚，迅速溶解到周围未冻结的海水中去。这一过程解释了高低纬度海面的盐度差异：高纬度、存在冰期的海域盐度通常高于低纬度的温暖海域。由海水结冰的过程，我们可以推断出：结冰速度越快，从“小冰泡”中跑出的盐分就越少。所以，最“咸”的海通常是那些结冰缓慢的海域。另外，在一些高温、干燥的地区，也会由于海水的大量蒸发而形成高盐度海域。

北大西洋是世界上最“咸”的大洋，其平均盐度达到 37.9‰。北大西洋中盐度最高的海域是位于加纳利群岛以西 3,218.7 千米处的藻海。藻海得名于常年覆盖于其表面的马尾藻类海草。藻海水温较高，约 28℃的水温令海面蒸发率很高；同时，远离岛屿的地理位置又使该海域缺乏淡水的补给，以上两个因素是藻海高咸度的主要原因。

对于海洋中的生命来说，水温是影响其生存最重要的因素。因为水温可以对海水的其他性质参数造成影响，例如盐度、密度、气体溶解度等。这些因素的共同作用，限制了生物在大海中的分布。海洋表面的温度差异，主要由季节、纬度、深度及与海岸的距离等因素造成。据统计，大洋区的海平面平均温度为 17℃。由于海水之间的热传递比较缓慢，因此在赤道或两极附近的海域中，海水的温度能基本上保持恒定。两极地区的海平面平均温度一般为 2℃，而赤道地区约为 27℃。

在同一片海域的不同深度中，水温也是不同的。在垂直方向，海水被分成两个温度层，两层之间有一个明显的分界线。海洋表层的水大量吸收来自太阳的热量，被加热的水在风浪的作用下与下层的海水充分混合，形成了一个大约 100 米厚的恒温层。在恒温层以下，就是两温度层的分界线——温跃层。温跃层出现在深度 100～400 米的水域，该层中水温会随着深度的增加而明显地降低。温跃层以下的海水温度更低，但是降温的梯度比较小。最终，水温会降到接近 0℃。全球海洋中超过 90％的水体处于温跃层以下。

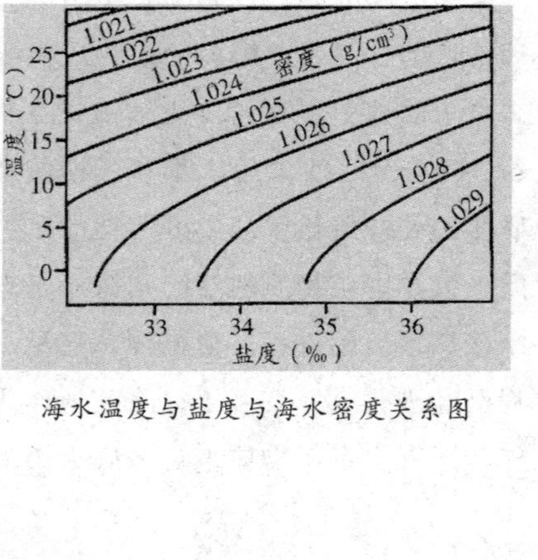

海水温度与盐度与海水密度关系图

温度的重要性主要体现在它对化学反应速率的影响上。不论是在有机界还是无机界，化学反应的前提都是分子间的相互碰撞。在一个温度很低的体系中，分子表现出惰性，运动速率减慢使它们相互碰撞的几率降低。而在高温体系中则截然相反，分子热运动的加剧大大增加了其相互碰撞的几率，使得化学反应更加活跃。换句话说，温度越高，化学反应就能越快地达到其速率极限。但是在有机体中，如果温度过高，分子的结构将被热量扭曲，使分子变质。简单的例子就是食物由生变熟。

温度和盐度的共同作用决定了海水的密度，即单位体积的质量。盐度越高，海水中溶解的矿物质也就越多，因此其密度越大。而温度则从另一方面影响海水的密度。温度升高，海水体积膨胀但质量保持不变。因此，水温越高，海水的密度越小。

由于高密度的水有下沉的趋势，因此密度是决定海水垂直分布的关键因素。高盐、低温的海水会渐渐下沉到水柱的底端，而淡水含量多的低盐、高温海水则“漂浮”在海面。海水因密度的不同而发生相对运动，最终会形成诸多不同密度的水层，而每一层都有其特定的密度。大体来说，海面气温降低、海水结冰或蒸发都可以使表层海水的密度升高。由于不同密度的海水不容易混合，因此不同密度层之间的相对运动不会破坏各自的性质。只有当体系吸收能量时，其中的不同密度层才会相互混合。

水的化学和物理特性

水是地球上分布最广泛的物质之一。水构成了海洋，不仅勾勒出陆地的轮廓，还是生物的主要组成成分。从某方面来讲，水分子又是一个与众不同的分子，它的特殊性质是由物理结构决定的。

水分子是由三个原子组成的化合物：两个氢原子和一个氧原子。这三个原子的结合方式，导致形成的水分子一端带有微量负电荷，另一端带有微量正电荷，因此水分子是一个极性分子。

一个水分子的带正电荷的一端会吸引另一个水分子带负电荷的一端。两个带相反电荷的水分子相互吸引，距离足够近的时候，它们之间会形成化学键，这种化学键叫做氢键。虽然这种分子间的氢键比分子内的化学键弱，可是已经足以影响水的性质了，氢键赋予了水不同寻常的特性。

水是地球上唯一的可以三种物态

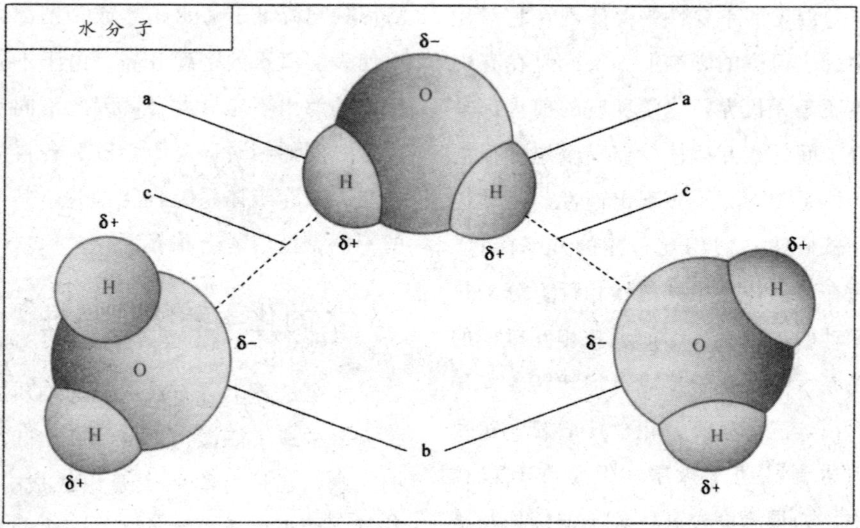

水分子由两个氢原子（a）和一个氧原子（b）组成。氧原子核数比氢原子大，所以分子中的电子对更靠近氧原子一端，相对来说远离氢原子一端。因此，氧原子一端带有微量负电荷δ+，氢原子一端带有微量正电荷δ+。一个水分子带微量正电荷的一端和另一个水分子带微量负电荷的一端相互吸引，两个分子间就形成氢键（c）

存在的物质：固态、液态和气态。因为氢键比一般的分子键作用力要强，因此把水分子和水分子分开需要大量的能量。正是由于这个原因，水升高温度或者从一种物态变化到另一种物态，都需要吸收比其他物质更多的能量。

因为水分子彼此紧密相连，所以水的表面张力很大。表面张力是描述破坏液体表面难易程度的物理量。氢键使水形成了微弱的薄膜一样的表层，从而影响水形成波浪和水流的方式。水的表面张力也对生物造成影响，无论水流中的生物、水下生物还是水表面的生物，都受到表面张力的影响。

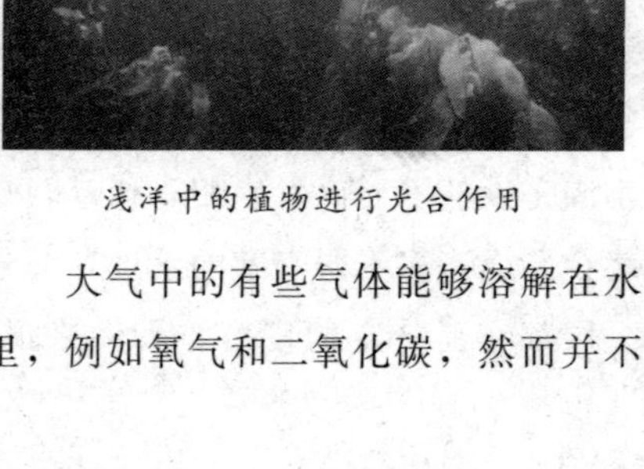

浅洋中的植物进行光合作用

大气中的有些气体能够溶解在水里，例如氧气和二氧化碳，然而并不是所有的气体都能溶于水。二氧化碳比氧气更易溶解在水里，海水中常常溶有大量的二氧化碳。另外，水中的氧气含量仅仅为大气中的百分之一。水中的低含氧量能够限制水生生物的种类和数量。气体的溶解度还和温度有关。气体在低温的水中溶解度相对较大，因此，低温水溶有更多的氧气和二氧化碳。另一方面，浅水更容易溶解气体，因为浅水里，风和波浪能够把大气中的氧气和水混合在一起。此外，生长在浅水中的植物，也能够通过光合作用放出氧气。

大洋中的光照

水下环境的光照条件，决定了其中的生物种类。海水是透明的介质，但是光在其中传播时仍不断被吸收和削弱。因此，只有海洋表面的海水才能享受到阳光带来的温暖。当深度达到 200 米左右，可见光已经基本被吸收殆尽，200 米以上的这一片“光照区”在海洋学中被称为“透光层”。透光层是海洋光合作用的生物的主要聚集区。海洋植物和单细胞生物在这里繁殖生长。这些生命体是海洋中植食动物的食物来源。在透光层下方深度 200～500 米的区域中，光线非常

海水是透明的介质

的微弱。这一区域的光照强度已经低于光合作用发生的临界光强，因此不存在植物和一切靠光来给养的生物，这个区域通常被叫做暮色带或弱光带。深度超过 500 米的海水中已经不存在任何可见光，这漆黑一片的水域叫做“无光带”。生活于无光带中的动物以上层水域沉降下的生物维持生命，或者干脆上浮到上层水域中去觅食。

尽管大洋区表层海水的光照量充足，但是生活于其中的光合作用生物总量却相对较少。造成这一现象的主要因素是营养物质的缺乏。由于大洋区远离大陆，缺少河流入海口这一持续的营养物质补给源。就营养物质的含量来说，大洋区好像陆地上的沙漠一般贫瘠。

那些富含有机物的海洋动物尸体，是很好的营养物质。然而，它们大都在重力的作用下沉到海底。对于

生活在海洋表层透光区的单细胞绿色植物而言，海底的营养物质如天空中的太阳一样可望而不可企及。由于大洋底部的水温非常低，有机物的腐烂和分解过程进行得极为缓慢。尽管有些海域中存在着上升流，能将海底的营养物质带到海平面，但是这种存在上升流的区域极其罕见。在地球上大部分海域中，营养物质被长期禁锢在深深的海底。

溶解于海水中的气体成分，与大气的组成基本相同。其中占比例最大的是氮气（48%），之后依次是氧气（36%）和二氧化碳（15%）。对于海洋生物来说，海水含氧量如同光照程度一样至关重要。含氧量的多少同样决定着该体系中生物的种类。氧气在海水中的溶解度主要取决于温度和盐度，低温和低盐度有利于氧气的溶解。

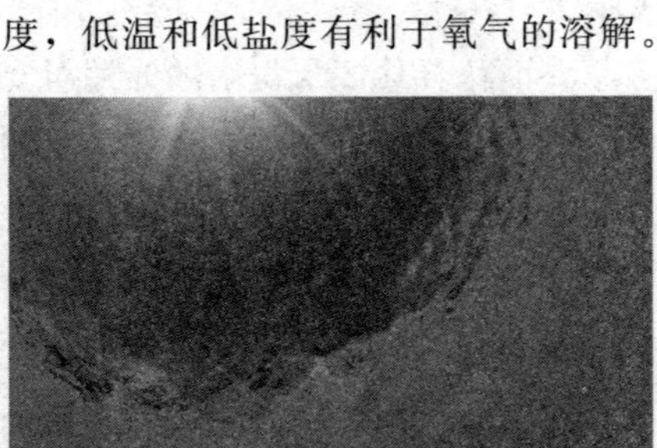

深海中的氧气并不像人们想象的那样稀少

在漆黑寒冷的深渊带和超深渊带中，生活着许多呼吸氧气的生物。这一事实说明了深海中的氧气并不像人们想象的那样稀少。深海中的氧气是从哪里来的呢？这个问题的答案令人震惊——几乎全球所有深海中的氧气都来自于南北极附近的表层海水。由于南北极常年寒冷的气候，其附近海域的水温非常低。这些溶解了大量氧气的冷水逐渐下沉，为海底生命提供赖以生存的氧气。尽管深海环境中的氧气被海底生命持续地消耗，不过两极冷水下沉这一动态过程还是维持了海底水体中一定的含氧量。

表层海水中的氧气主要来自于空气和海洋植物。大气中的氧气与海面接触而溶于海水。另外，生活在透光层的植物和单细胞绿色生物也通过光合作用向海洋环境中贡献氧气。

我们的星球被大气包裹着，虽然空气的透明让我们常常忽略了它的存在，但是空气是有质量的。地球表面单位面积上的空气质量，就是我们常说的大气压。据测算，海平面上的大气压强为 101.325 千帕斯卡，简称为 1 大气压（ATM）。为了方便起见，我们常常将大气压作为压强的单位。相对于气压，海水施加给海洋生物的压力更加可怕。水压随着深度的增加而急剧增大，水深每增加 10 米，压力就增加一个大气压。因此，深海中生物“奇形怪状”的身体结构，其实是本身抗高压的一种进化。

光在水中的传播

光是一种能量，以波的方式进行传播。太阳光照射到地球上，是白色的。白光是由彩虹的颜色混合而成：紫色、靛青、蓝色、绿色、黄色、橙色和红色。光的颜色取决于光波的波长。可见光光谱包括人眼能看到的所有色彩，这些光的波长范围在 0.4～0.8 微米之间（一微米等于百万分之一米）。可见光中，紫光波长最短，而红光波长最长。

表层海水中的氧气主要来自于空气和海洋植物

空气和水对光的作用不同。空气只能传播光，而水不仅能传播光，还能吸收和反射光线，这些作用取决于水的深度和容量。光能在水中传播，使得光合作用能够在水下进行。不过，可见光中，不同波长的光在水中的传播距离不尽相同。蓝光传播的距离最长，而红光传播的距离最短。正是由于这个原因，在水中没有杂质的情况下，蓝光穿透的距离最长，水就呈现出碧蓝的颜色。

光谱中红光那一端的光能够被水迅速吸收，而且红光在水中传播的距离短，只能传播 15 米。这就解释了为什么海洋表层海水比海洋深处海水的温度要高。绿光位于光谱的中间位置，比红光传播的距离远，不过绿光常常会被悬浮在水中的微粒反射回去。所以，如果水中悬浮颗粒物很多，比如悬浮着大量的泥土颗粒或者植物微粒，那么，这样的水往往呈现褐绿色。

海洋过程

大洋中海水的持续运动形成了诸如海浪、风、洋流、潮汐等海洋过程。海浪是海洋特有的现象，看起来像一条条由水组成的脊在海面平行移动。事实上，海水并不随浪尖移动方向运动。海浪是在水面传播的一种横波，水分子只在原地做上下的往返运动而不随波前进。海浪的运动的轨道为一个扁长的椭圆。大多情况下，海浪由海面的风引起，正所谓“无风不起浪”。由于海浪使表面海水进行垂直运动，有效地促成了表层海水的相互混合。

风推动着占海水总量近 10% 的表层海水沿着全球风带的方向运动

尽管海水不会沿着海浪运动的方向运动，但是在海中还是存在着水体大规模迁移的运动。海洋表层的水，以巨大的规模、相对稳定的速度，缓慢地沿着一定的方向有规律的不断地流动，称为洋流，也叫海流。洋流驱使着海水不断地在大洋中运动，时而潜入深海，时而浮出水面。由于洋流经历的路程是非常长，一个水分子可能要用近 1,000 年的时间才能环绕地球一次。

风推动着占海水总量近 10% 的表层海水沿着全球风带的方向运动。这种以风为动力的洋流叫做风海流。其中，最著名的是将赤道附近的温暖海水带向大西洋北部的墨西哥湾暖流。墨西哥湾暖流对于气候的贡献是显著的，倘若没有这个暖水的输送过程，大西洋中喜爱暖水环境的生物便不会像现在这样繁荣，而且北美东部和欧洲西部的气候也不会像现在这样温暖。风海流使得海洋表层的海水运动这种过程，有效地增加了海洋环境中的营养物质含量。在一年中的特定季节，盛行风向将一些地区例如赤道

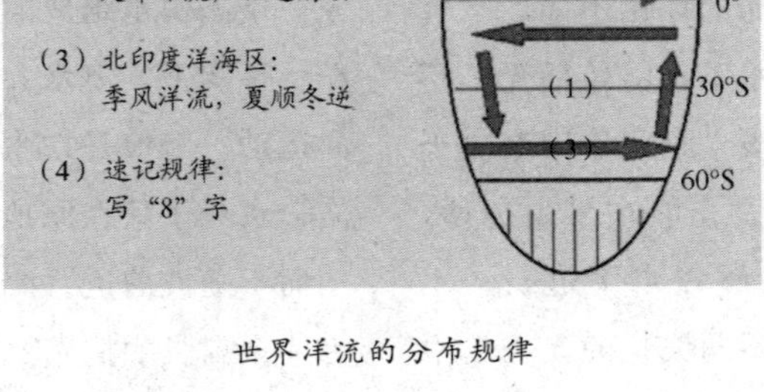

世界洋流的分布规律

附近的太平洋海区、南北美洲的西海岸等地区等的表层海水向大洋中心运动。由于表层海水的流失，下层海水不得不“上泛”形成补偿流。上泛的深层海水将海底丰富的营养物质带到海面，为生活在这里的光合作用生物提供了繁衍所需的营养，并且为该区域的鱼类、贝类、海鸟等提供了丰富的食物。

与海洋表面的风海流不同，深水洋流并不依靠风力。密度的差异导致了水体之间的相互运动，这一过程就形成了深海海水的大规模运动。从前面的章节中，我们了解到密度与温度和盐度息息相关。我们把温度因素简称为“热”，把盐度因素简称为“盐”，因此海底密度流又叫做热盐循环。在两极附近，表面的海水被寒冷的空气冷却，导致密度的上升。而结冰过程令盐度增大，更加剧了密度的上升。最终，两极附近的表层海水会因为密度过大而开始下沉。尽管水体下沉的速率非常缓慢（约 1.2 厘米/天），但是其下沉总量却非常惊人。由两极为起点的深海密度流在水下不断地向赤道海域流动，并且最终在低纬地区上浮形成上升流。

潮汐是大量海水的规律性运动。尽管在水深较小的沿岸海域，潮汐的现象更加显著并且容易观察，但事实上潮汐作用对整个海洋都产生着影响。在深海中，由潮汐引起的海水运动不如沿岸浅水地区强烈。但是某些海底潮水的能量可以加速海底洋流的循环过程。例如，由风推动的表层暖流到达极地地区后，被极地上空的寒冷空气冷却下沉，之后又以深海洋流的方式重新向赤道方向进发。当深海流到达赤道附近时，便在深海潮汐的帮助下与上层低密度的水体混合，使得总体密度降低并重新上浮至海洋表层。

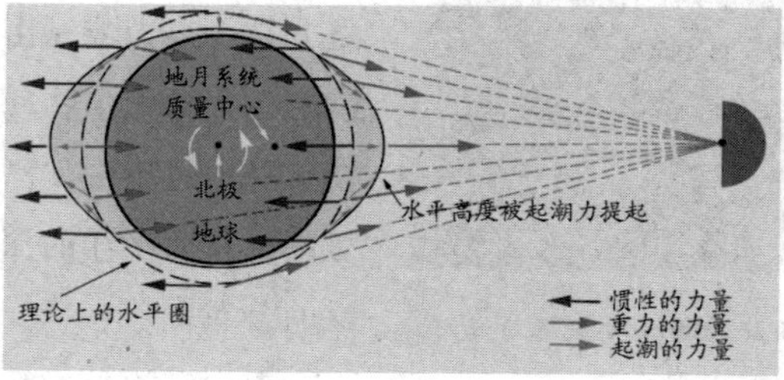

地球潮汐示意图

大洋底层

海洋的底层，覆盖着大量的沉淀物。形成这些沉淀物的途径是多种多样的。陆地岩石的风化、海洋动物的残骸、海水中的化学反应、来自大气层的微粒、外太空的粒子流等等，都是海底沉积物的来源。其中由大量海洋生物尸体形成的沉积物被称为海底软泥。软泥因其形成的深度不同而拥有不同的性质，其中在3,000米以上水域形成的多为钙质软泥，而在深于3,000米的海底，硅质软泥则占主导地位。因此，如果在某片海底发现了海底软泥物质，则说明该海底上方的海域中存在着或曾经存在过海洋生命。

深海海底中的沉积物主要来源于大陆上岩石的分解

深海海底中的沉积物主要来源于大陆上岩石的分解。风化、侵蚀等作用使得大陆上的岩石分解成粉尘状的微粒，这些微粒通过风和河流的搬运作用来到海洋中。其中大部分沉积物会最终停留在水深较小的大陆架上，但是少部分会一直深入到大洋区中才开始沉降。深海海底沉积物的形成过程是极其缓慢的，其厚度平均每1,000年增长1厘米。而在大陆架上，由于沉淀来源丰富，其沉积速度相对较快一些，大约是每1,000年增加50厘米。

在大洋中的不毛之地——深渊区的海底上，覆盖着一层薄薄的沉积物。这层沉积物的学名叫海底黏土。由于深度的原因，海底黏土的沉积速度缓慢到每1,000年只增加1毫米的程度。海底黏土的质地极其细腻，由于组成微粒过于细小，这种红棕色的黏土触感类似柔软的黄油。通常，若某海域的海底存在较厚的深海黏土，那么可以断定该海域中海洋生命的数量非常少，抑或是由于该地区海水深度实在太深，生物残骸形成的沉淀物在沉降的过程中就已经完全溶解。深海黏土在太平洋的深海海底上有着广泛的分布。

在大洋深处的海底，常常出现长达数百千米的镁结核分布区。虽然深海镁结核的形成机理至今也没有明确的答案，但是科学家们断定它们是某种深海化学反应的产物。也有一些学派推测锰结核的形成与海底热泉有关。从热泉喷口中喷涌而出的热水富含矿物质，也许是它们通过某种未知的机制凝结成了海底锰结核。

独特的海洋环境

大体来说，大洋区是一个生命贫瘠的地带，但是其中也不乏一些具有独特性质的深海环境。这些独特的环境犹如大洋中的绿洲，虽然许多只有足球场大小，但是这些“海洋绿洲”中生活着的生命数量却百倍于它们周围的普通深海。通常，这些生命繁荣的海域间存在着一些共同点。例如，在这些绿洲海域的海底，常常存在着特殊的地质结构而使正常的深海水流发生了改变。扭曲的深海流常常使某片海底形成集中的沉淀区，或上升流区。深海流的作用深深地影响了该区域的种群结构。沉淀集中的区域是深海穴居生物的天堂，而上升流从海底带来的大量营养物质更为浅水居住者们提供了丰富的食物。通常，这些“海底绿洲”出现在深海热泉、海底山脉或深水珊瑚礁等特殊海底结构的附近。

海底热泉系统

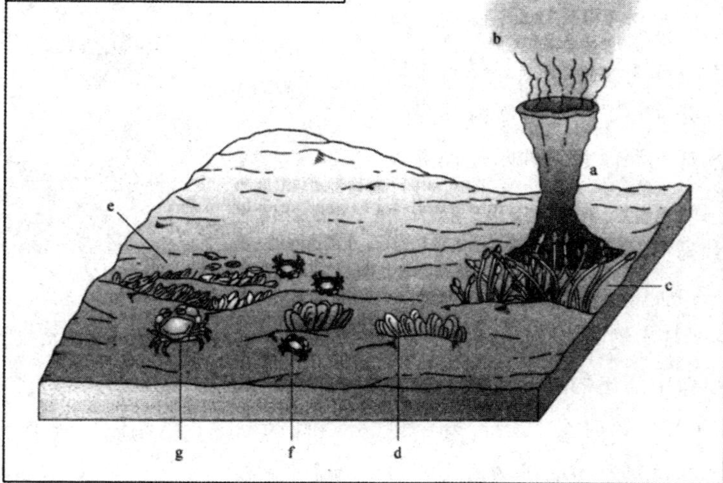

海底热泉系统最显著的标志是一个类似烟囱一样的热水喷口——烟柱（a），从烟柱中不断地喷涌出富含硫化氢的热水（b）。热泉喷口附近生存的生物多种多样，其中包括管蠕虫（c）、巨人蚌（d）、巨型蛤蜊（e）、深海蟹（f）以及视力已经退化的短尾蟹（g）

在一些存在地质活动的海床（如海底火山区、大洋扩张区）周围，会形成一些地热喷口。1977 年，科学家在加拉帕戈斯群岛附近找到了第一个地热喷口。随后，数以百计的类似结构被一一探明位置。在中洋脊和其他一些地质活动频繁的地区，炽热的岩浆逐渐向海床表面涌动。在这些地区的海床上，海水会渗入地壳的裂缝中，直至最终被裂缝底部的岩石所阻挡。这些岩石与其下方的岩浆紧密接触，温度非常高。在海水下渗的过程中，裂缝中高浓度的硫化氢以及一些其他矿物质会大量进入水中。最终这些富含矿物质的海水会被裂缝底部的热岩石加热到约 380℃。高温使水体积急剧膨胀并重新由裂缝中喷出，这一过程就形成了深海热泉。尽管水的正常沸点是 100℃，但是深海热泉中喷出的水却因深海强大的水压而并没有沸腾。这是因为液体的沸点会随着压力的升高而升高，海底强大的水压使得水的沸点大大升高，以至在 380℃的高温下仍能保持液态。

从喷口中涌出的过热海水与大洋中寒冷的水接触时会急剧冷却。因此，溶解在过热水中的矿物质会大量析出，而围绕着喷口形成形状如烟囱一般的沉积层，叫做烟柱。喷口周围的“烟囱”沉积速度非常快，通常，这些烟柱的高度每天可以增长约 30 厘米。最后，烟柱由于沉积得太高而在其自身重力的作用下倒塌，并从喷口周围开始新一轮的沉积。“烟囱”结构的一般高度在 10～20 米，不过其中有一个叫做“哥斯拉”的海底烟柱居然有 15 层楼约 50 米那么高；其喷口直径更是达到了惊人的 12 米。地热喷口的寿命很短，不过当一个喷口寿终正寝后，常常会有新的喷口生成。

海底黑烟囱示意图

在海底热泉的海水中，常常溶解有硫化氢。硫化氢是一种具有臭鸡蛋气味的剧毒化学物质，对于大多数生物体来说，它的毒性不亚于氰化物。除硫化氢外，热泉海水中还存在着诸如铁、锌、铜等重金属离子，如果含量大到一定程度，这些金属离子也具有毒性。尽管环境中存在着以上这些有毒的化学物质，热泉系统却依然生机勃勃。实际上，正是有毒的硫化氢为喷口周围的生命提供着生存所需的能量。海底的一些细菌从硫化氢的化学反应中获得能量，而这些细菌则是海底热泉系统食物链的开端。

与地热喷口类似的海底环境中容易形成碳氢化合物的沉积区。例如在大陆坡上会有少量石油、甲烷和硫化氢等沉淀渗入海底沉积物中。在水深较大的地区，由于温度很低，甲烷会开始冻结而形成水合甲烷固体，有些文献又把它称为可燃冰。在这些类热泉生态系统中，沉积于海底的碳氢化合物和硫化氢为化能细菌们提供了充足的食物。

除热泉系统外，海底山脉也是一种富饶的海底环境。海底山是海底火山的一种，它们多出现于地理活动频繁的板块边缘地带。另外，存在于板块内的岩浆包也能形成海底山。海底山在形态和结构上都近似于陆地上的火山。它们都存在着基岩外露、山谷、火山具有的沉淀积累层等特点。大部分海底山是仍能喷出岩浆的活火山，此外也有一些休眠火山。在阿拉斯加湾附近海域，就存在着一个海底山脉区，其中最高的一座休眠火山高达 3,000 米。

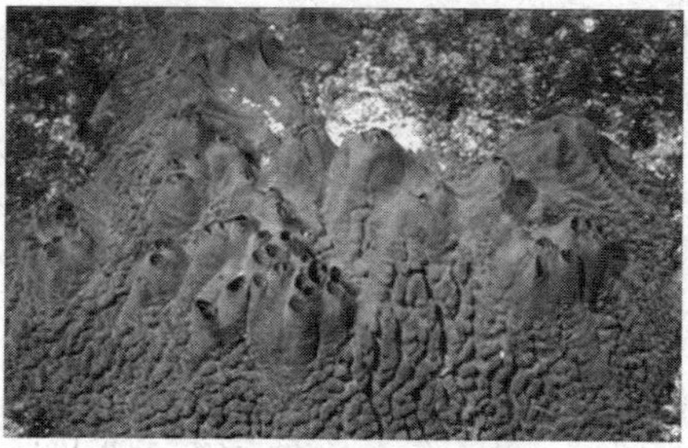

海底山脉

首个被发现的海底山是戴维森山，它位于美国加利福尼亚州蒙特里城的西南方向 193.1 千米的海底。该山形成于 1,200 万年前，现已沉寂的戴维森山由斑驳的火山岩构成，它的顶部覆盖着一层已经沉积多年的火山灰。戴维森山是美国海域最大的海底山水生系统，其周围的水域承载着大量的海洋生命，其中包括相当数量的抹香鲸和信天翁。

一般来说，珊瑚礁多形成于水深较小的热带海区，不过在某些深海中也存在着一些冷水珊瑚礁。与热带海区的珊瑚礁不同，深海珊瑚礁基本不需要光照条件。深海珊瑚动物和数种海绵在海底组成了密实的泥隆堆。这些隆堆能有效锁住海洋中的沉淀物，为周围海域提供了适合鱼类和无脊椎动物生活的环境。

1998年，科学家们在苏格兰海岸线西北的海床上发现了数百个泥隆堆。这片被命名为“达尔文之丘”的海底丘陵带为深海珊瑚虫和海绵提供了肥沃的附着基。该丘陵带的平均水深为1,000米，占地50平方千米。其中每个隆堆高约5米，宽约100米。隆堆的形状类似一个逗号，主体为圆形，并有一个向西南方向伸出的近百米长的水滴形“尾巴”。与本小节介绍的其他深海环境一样，海底泥隆堆也是一种独特的海底结构。

海底泥隆堆也是一种独特的海底结构

1999年，美国南佛罗里达大学的科学家们在佛罗里达西海岸的一座水底岛屿——普雷山脊处发现了一种珊瑚礁。直到2004年，科学家们才确定了这一发现的真实性。这一发现之所以令人震惊，主要是因为它是地球上唯一生活在深海却仍能进行光合作用的珊瑚礁。

大洋区是地球上最大的生物栖息地，但是人类对其的探索和理解至今仍非常有限。通过对海洋表层海水和浅水海域的研究，我们获得了大量关于海洋中物理和化学条件的知识，同时也了解了许多海洋生命的生活习性。但是，在对更辽阔和更遥远海域探索所遇到的种种困难，阻碍了人类前进的脚步，使得大洋区仍然是人类科学版图上的一块空白。

深海的海底从大陆坡的急剧下降处开始。在大陆坡的底端，常存在着由沉淀物累积而成的一个小上升坡，叫做大陆隆。大陆隆更远处的海床主要由深海平原组成，广阔的深海平原上常常出现深海丘陵或者海底山。海盆的中央被中洋脊分开，中洋脊是一条环绕全球的海底火山地震带，它肩负着生成新的地壳的任务。

与对待大洋中的其他环境一样，我们用盐度、温度、密度、光照、压力、洋流、波浪、潮汐等因素的特性来描述深水环境。盐度与温度协同作用，决定了海水的密度。两极寒冷而高盐的海水由于密度大而下沉进入深海，并且在海底向赤道方向运动。通过这种下沉过程，冷水把溶解于其中的氧气逐渐带向深海，使得海中各个深度都有生物的存在。同时，这种下沉过程也引发了全球海洋中的热盐循环过程。在大洋表层，海水在风力的推动下形成了风海流，表面洋流的运动使得表面的海水得到充分的混合。

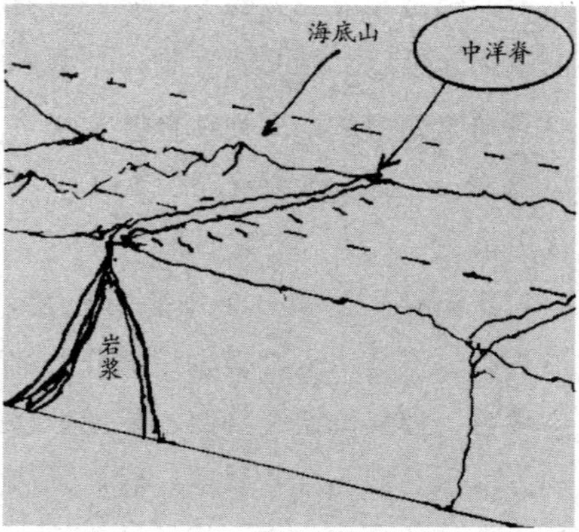

中洋脊示意图

大洋区的大部分水域是阴暗而寒冷的。通常，阳光只能照亮表层约200米的水域，这样的光照区只占整个海洋总量的一小部分。在表层的光照区中，生活着依靠光合作用提供能量的植物和单细胞绿色生物，它们是海洋食物链的开端。生活在透光层以下的生物，需要上浮到透光层中觅食，或者等待食物从透光层中沉降下来。死亡的植物或动物会逐渐下沉到海底。尽管这些生物的尸体对海洋表层植物来说是良好的营养物质，不过它们常常会下沉到植物们难以企及的深度并且沉积下来，只有偶尔出现的海底上升流才能将这些营养物质带回到海洋表面，使得它们不至于彻底从海洋生态系统中流失。

一些位于深海的特殊海洋环境中，孕育着数量丰富的生命。地热喷口和碳氢化物的沉积使得硫化氢和甲烷的化学物质进入该区域的海水中。一些特定的海底细菌可以将蕴涵于这些物质中的化学能转化为生存所需的能量，并支撑起了这个地区的食物链。海底山、深水珊瑚礁和海底丘陵同样是海底生命的聚集地，珊瑚虫、蛤蜊、虾和蠕虫等生物，都喜欢在这样的环境定居。

生物的王国

地球上有数百万种不同的生物。为了研究它们，被称为分类学家的科学家们根据这些生物的特征，将它们进行了分类。历史上第一位分类学家是瑞典科学家林奈，他把所有的生物划分为两个极其庞大的类型——植物界和动物界。19世纪中叶，除这两大领域之外，生物学家们还新定义并添加了原生生物界、微生物界和真菌界。当日新月异的显微镜技术使分类学家可以继续分辨微型生物体的特征之后，他们又从原生生物界中分离出原核生物界。直至1969年，一个由原核生物界（如细菌）、原生生物界、真菌界、动物界和植物界组成的五界分类系统才建立起来。这个五界分类系统在今天仍然被很多人沿用着，但现在，大部分科学家选择将原核生物界又分为两大组别，即古细菌界和真菌界。

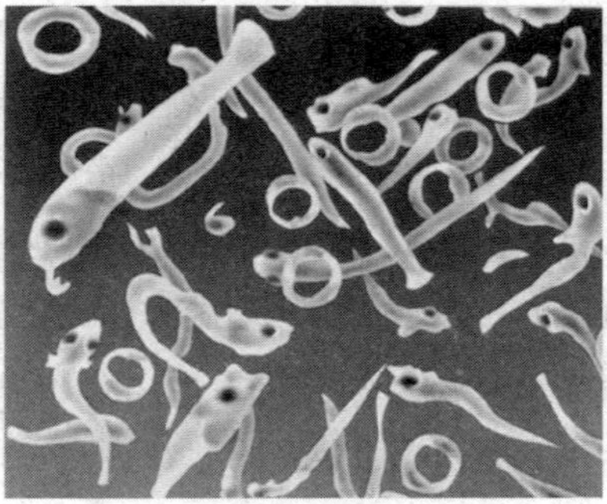

海洋浮游生物

原核生物是地球上最小的生命体，它们的细胞结构比其他生物简单得多。原核生物无法自己制造食物，例如埃希氏大肠杆菌和炭疽芽孢杆菌。能够进行光合作用的原核生物有蓝藻等，鱼腥藻近缘种和脆瘦鞘丝藻等生物都是典型的蓝藻。六界分类系统中的真菌界，包含那些生活在水、土壤和其他生物体中的最常见的原核生物。古细菌是地热泉和超盐湖床等极端环境中的“居民”。

另一个单细胞生物领域是原生生物界，例如变形虫、裸藻和硅藻。与原核生物不同的是，原生生物的个头比较巨大，它们复杂的细胞在结构上与多细胞生物的细胞很接近。原生生物界成员的活动性、大小、形状和摄食策略随种类不同而变化多样。一些是自养性营养，一些是异养性营养，其余的则是兼养性生物。兼养性营养的生物既可以自己制造食物，又可以以其他生物为食，这种选择的变化主要取决于它们所处的环境条件的优劣。

真菌界主要包含多细胞有机体，如霉菌，但其中也有很少一部分单细胞成员，如酵母菌。真菌不能四处移动。由于它们不含叶绿素，所以无法合成自己的食物。它们都是异养性生物，通过在食物上分泌消化酶来进行消化，从而摄取营养。

原生生物界示意图

最后，是由多细胞生物组成的植物界和动物界。植物界的生物，例如海藻、树木和蒲公英等都不能移动，但它们可以通过将太阳能转化为简单的碳化合物来获得自己的食物。所以，植物都是自养性生物。鱼、鲸和人类等动物都是异养性生物，它们无法合成自身所需的物质，所以必须主动去搜寻各自的食物。

海水与海冰

海水的组成

英国化学家 W·迪特玛于 1872～1876 年随“挑战者”号进行环球考察时，在对各个海域的海水进行了全面测定与比较后认为，不同海域的海水总体上讲其成分是基本相同的，构成也是相对稳定的。但是，由于不同海域海水的温度、盐度、蒸发量与降水量等存在一定差异，因而其构成成分有可能出现某些微小的差别。

海水的构成除了最基本成分——水（H_2O）之外，还溶解有大约 3.5％的可溶性无机盐，其中氯化钠（$NaCl$）约占无机盐总量的 85％，此外还有氯化镁（$MgCl_2$）、硫酸镁（$MgSO_4$）、硫酸钙（$CaSO_4$）、碳酸氢钙

（$Ca(HCO_3)_2$）、硫酸钾（K_2SO_4）、溴化镁（$MgBr_2$）等。这些无机盐在海水中大多离解成离子状态存在。

海水中最常见的离子有：Na^+、Mg^{2+}、Ca^{2+}、K^+、Cl^-、SO_4^{2-}、

海洋中的离子

HCO_3^-、Br^-等，这几种离子大约可占海水中全部离子总量的99.95%。海水中的微量元素几乎包含了所有的已知微量元素，但其含量都非常低，以含量最高的锶（Sr）、硅（Si）、氟（F）为例，每升海水中的含量仅分别为8毫克、3毫克、1.3毫克。

大气中所包含的主要气体在海水中也存在，但其含量却少得可怜：空气中含氮气（N_2）76%、氧气（O_2）21%、氩气（Ar）1%、二氧化碳（CO_2）0.032%，其他气体约0.22%；而海水中的氧气含量只有0.0046%～0.0075%、氮气0.00005%、氩气0.00005%，仅为空气中含量的1/10000至1/1000000。海水中溶解的气体虽然含量很低，但对维系海洋生物的生命活动却至关重要。

溶于海水中的主要离子及其含量

离子	Cl^-	Na^+	SO_4^{2-}	Mg^{2+}	Ca^{2+}	K^+	HCO_3^-	Br^-
含量（%）	55.04	30.61	7.68	3.69	1.16	1.10	0.41	0.19

海水的主要理化特性

表层水与底层水的水温差异

全球海洋中海水温度的变化幅度大致在－2℃～33℃之间。其中，表层海水的水温变化幅度最大，大约是在－2℃～33℃之间；而底层水的水温变化幅度较小，通常多维持在0℃～6℃范围内。

表层水温度最高的区域为北纬5°～10°海域，该海域的部分海区，如波斯湾，夏季的表层水温有时可高达33℃，岸边浅水域的表层水温有时甚至能达到36℃。表层水温最低海域为南极海域，其中威德尔海的长年水温一般都低于0℃，最低时为－2℃。北冰洋是全球纬度最高的海域，大约有2/3的海域表层长年冰冻，其余的海面大多也漂浮着冰山及浮冰，整个北冰洋中仅有巴伦支海由于受北大西洋暖流的影响所以长年不结冰。北冰洋从海面到100～225米深的表层水长年水温一般都在－1℃～－1.7℃之间，从100～225米到600～900米之间的中层水，由于受北大西洋暖流的影响，水温多保持在0℃～1℃之间。北冰洋沿岸地区大多为冻土地带，永冻层厚度一般都可达数百米。

表层水温季节变化幅度最大的是中纬度海域，一年之中最高水温有可能达到 30℃，而最低水温则可能低于 0℃，年水温差可超过 30℃。而赤道海域和极地海域水温的季节变化幅度都比较小，年水温差一般很少能超过 10℃。

底层水占海水总量的 75%以上，其水温长年多维持在 0℃～6℃之间，其中，有大约 50%左右的深层水长年水温仅有 1.3℃～3.8℃，只有极个别的海域底层水温会低至 0℃。在大洋深处的海盆中，地壳的热量可以对底层水的水温产生一些影响，但至多也只能使底层的水温上升 0.5℃左右。

温跃层

大洋中的海水，温度垂直分布存在着典型的三层式结构。

上层为混合层。其厚度大约在 20～200 米，不同海域厚度不同。混合层上下温度比较均匀，但表层温度存在比较明显的昼夜变化与季节变化。

中层为温跃层。在温跃层内，随水深的变化海水温度急剧下降。温跃层在不同海区分布深度不同。在南北信风带海域，温跃层多出现在 200 米左右水层，在长日照海域，昼夜温跃层多出现在6～10 米水层，而季节温跃层多出现在 30～100 米水层。温跃层的厚度一般都不太厚，通常只有几米至几十米，但其温度变化幅度却非常大，在低纬度海域可以从 20℃～30℃急剧下降为 3℃～6℃。

温跃层并不是在所有的海域都存在，高纬度海域由于表层水温长年都比较低，与底层水的水温差别不是太大，因而很少出现温跃层。

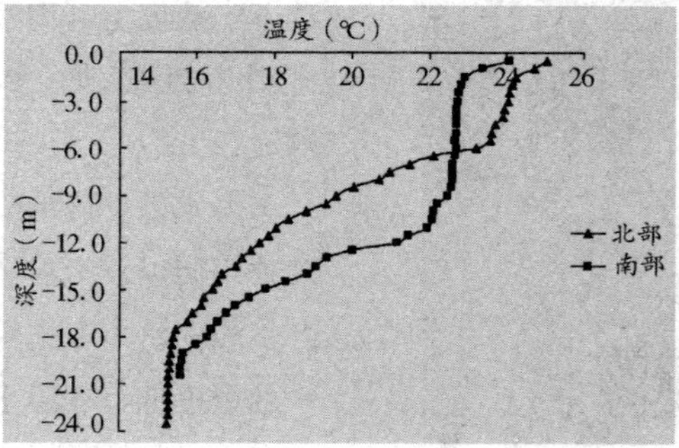

海水体温度分层示意图

底层为低温层。在大洋深水区以底层水的厚度最大，温度变化幅度也最小。大洋底层水的温度一般都保持在0℃～6℃范围，即使是热带海域，1500米以下的水温也很少能超过3℃。但水温低于0℃的底层水分布区域也不是很多。

温跃层的成因

温跃层的形成原因大致上有三种。一种是随寒流携入的低温水，由于比重较大，会下沉至高温水的下部，形成较为稳定的低温水团，在冷水团与其上方暖水团的界面处存在较大的水温差，可形成稳定的温跃层。第二种是季节温跃层的形成，即表层海水受季节性气温的影响水温升高，由此而形成的暖水团，因密度变小而稳定存在于其下方温度较低的水团之上，两个水团的界面处存在较大的温差，形成季节温跃层。季节温跃层一般多生成于中纬度海域。第三种是昼夜温跃层的形成，由于表层海水白天受太阳光辐射的影响水温升高，形成的暖水层，也可稳定存在于其下方温度相对较低的水层之上，两个水层的界面处形成昼夜温跃层。昼夜温跃层一般多生成在比较浅的水层中，而且不太稳定。

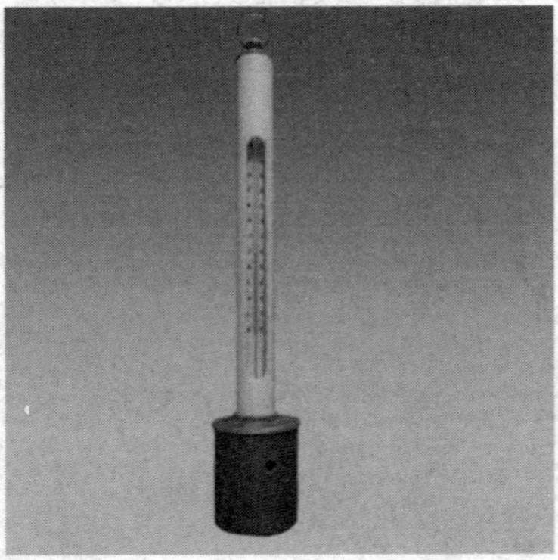

海水密度计

影响海水密度的主要因素

海水密度是指每单位体积海水的质量，常用单位为“克/立方厘米”或“克/毫升”。人们习惯上常将海水密度称为海水比重，一般多用海水比重计进行测量。海水的平均密度一般多在1.025～1.028克/毫升之间。

海水密度主要受盐度、温度和压力的影响，在其他两个因素不变的情况下，盐度上升则密度增大，温度上升则密度减少，压力增加则密度增大。

海水的密度由于海域的不同、深度的不同以及水温和盐度等的不同而各不相同。一般地讲，沿岸水比外海水的密度低，表层水比底层水的密度低。这是因为沿岸海水由于受气温、大陆径流、降水等气候因素的影响，密度变化较大，而且其密度一般都低于海水的平均密度；而大洋深层的海水因水温低、压力大，其密度一般都高于海水的平均密度。降水能使海洋表面的海水盐度降低，再加上太阳的辐射还能提高表层海水的温度，这也是为什么海洋表层水比深层水密度小的原因。此外，深层水的压力比表层水大，压力也会造成深层海水的密度增大。全球海洋中以南极海域的海水密度最大，这不仅是因为其水温低，而且因该海域海水容易结冰，海水在结冰时会释出部分盐分，致使该海域的盐度随之增高，密度变大。

纯水在4℃时密度最大，为1克/毫升。而海水密度最大时的水温却与其盐度有关。例如：盐度18的海水在0.12℃时密度最大，盐度35的海水则在－3.52℃时密度最大。海水结冰后体积约增加9％，密度也相应减少9％。

密度跃层

海水的密度跃层一般都是在海洋中两个密度不同的水团界面处形成的。例如，当表层海水因大量蒸发而导致盐度增加，致使其密度增大时，或者因温度降低而导致其密度增大时，一旦密度大于其下层水团，即开始下沉，直至抵达密度相同的水层后才停止下沉并四下散开。这种因密度大的海水不断下沉，密度小的海水不断上升的海水运动，可促使海水不停地进行垂直交换，形成上升流与下降流，最终有可能形成上下两个密度相对稳定的水层。在两个水层的界面处往往存在着较大的密度差，形成密度跃层。在密度跃层内，随水深的变化，海水密度急剧增大。此外，某些陆间海如果周围有较多的河流注入，河流携入的大量淡水因密度小于海水而浮于海水表层之上，久而久之即可形成两个密度不同的水团，上层水团盐度低密度小，下层水团则盐度高密度大，由此而形成的密度跃层一般都比较稳定，黑海即属于这种类型。

温跃层也属于密度跃层的一种。

盐度是指海水中溶解的无机盐数量，常以其含量的千分值（‰）来表达。例如：海水中含盐量为30‰，则称其盐度为30；含盐量为35‰，则称其盐度为35。

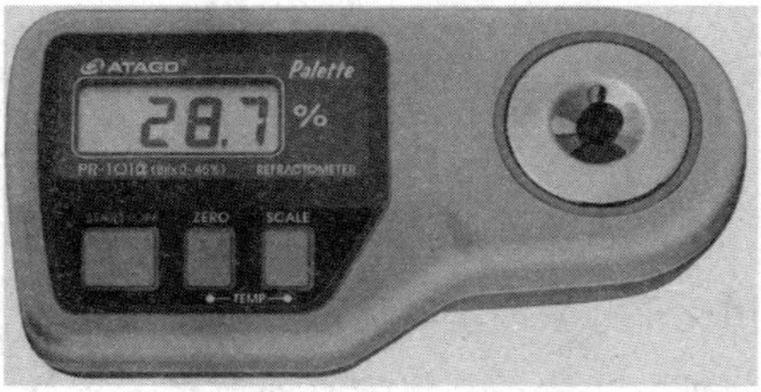

盐度计

全球海洋中海水平均盐度为35，各海域略有不同。其中大洋水的盐度较高，在33～37.5之间；近岸水域由于受降水和大陆径流等的影响较大，盐度要低些，并且不同海区间的差别较大。

全球各大洋中，以北大西洋亚热带海域盐度最高，约为37.5；北冰洋盐度最低，为31～32。盐度最高的海为红海和波斯湾，正常情况下为40～42；盐度最低的海为波罗的海，中部海域的海水盐度通常在6～8之间，而北部和东部海域的海水盐度只有2，几乎与淡水等同。波罗的海四面皆为陆地所包围，仅西侧有3条又窄又浅的海峡与大西洋连通，与外海的水交换量不大，加上流入该海的河流有250条之多，平均每年注入的淡水多达472立方千米，并且当地气候凉湿，蒸发量少，这些因素的共同影响造成了其海水盐度极低。此外，黑海的盐度通常也只有18左右，基本上为半咸水。

海水盐度的测量

海水盐度的测量，过去通常多使用比重计来测量其比重，或者用化学分析方法测量其氯度（即氯离子含量的千分值），然后再换算成盐度。换算方程式较多，有简有繁，比较常用为：

盐度＝（比重－1）×1305

盐度＝氯度×1.8066

现在虽然有了专门用于测量盐度的仪器，如折射式盐度计、电导仪等，但通过测量比重再进行换算的方法，仍是经常使用的方法。

海水、淡水与半咸水的区分

盐度1被作为界定淡水与海水的分界点，通常将盐度低于1的水界定为淡水，高于17为海水，1～17之间的称为半咸水。

顾名思义，海水的透明度是指海水的透明程度。影响海水透明度的因素主要是海水中的浮游生物以及其他颗粒状悬浮物的多少，因而透明度也被作为表达海水质量的指标之一。正常海水的透明度一般都在几米至几十米范围，近岸水域由于受风浪及河流携带泥沙等的影响，海水中颗粒悬浮物较多，因而透明度大多只有几米。越向外海悬浮物越少，透明度越高。外海水的透明度一般都在十几米至几十米，而大洋水的透明度大多为几十米。

我国渤海的海水透明度一般仅3～5米，黄海约3～15米，东海的外海约 25～30 米。全球各大洋中以马尾藻海的透明度最大，最高时可达 72 米，这是因为该海远离大陆，处于大洋的环抱之中，除了漂浮有马尾藻等大型海藻外，浮游生物及颗粒悬浮物非常少，因而其透明度要比其他海域高。

海水透明度的测量方法

测量海水透明度的经典方法是用透明度板：将一个直径 30 厘米的白色圆盘——透明度板（也称塞克板）系于测深绳上，再平放至海水中，由重锤带其缓慢下沉，在水面上垂直向下观察，当透明度板下沉至刚刚看不到时的水深，即为该处海水的透明度值（常以米为单位计量）。

随着测量技术的进步，现在人们也可以用带有光电管的测量仪器，如光束透射计等来测量海水透明度，因而其测量也将变得更加准确快捷。

测量海水透明度

大海是蔚蓝的，这是人们对海洋的第一印象。水是无色透明的，而海水为什么会是蔚蓝色的呢？究其原因，主要是由于海水对阳光中不同单色光的散射结果。海水对阳光中波长较长的红光与橙光吸收多而散射少，而对蓝光则吸收少而散射多，因而人们看起来大海与天空一样都是蔚蓝的。其实大海也并不总是蔚蓝的，特别是近岸的海水，更多的时候是呈现蓝绿色、黄绿色，甚至是棕黄色。

海水之所以会呈现不同的颜色，主要由海水的光学性质以及海水中颗粒状悬浮物的颜色与多少等因素所决定。在热带的大洋中，海水是洁净的，水深且颗粒悬浮物很少，因而在阳光照耀下海水总是湛蓝湛蓝的。若海水中悬浮有泥沙等颗粒物，由于泥沙呈棕黄色乃至黑褐色，根据含泥沙量的不同，海水可呈现黄色、棕黄色乃至褐色等不同颜色。当海水中生存有大量的浮游微藻类，由于微藻的种类及其色泽不同，海水可呈现绿色、黄绿色、黄褐色、棕红色，甚至是红色。人们常说的赤潮，就是由于水中含有大量赤潮生物而使海水呈现红色（或黄褐色），赤潮也是因此而得名的。此外，海水的颜色还要受天空中的云层高度、云层色泽、光照强度、太阳高度等因素的影响。例如，当天空晴朗时海水本来还是十分悦目的蔚蓝色，一旦阴云密布海水会立即变为昏暗的墨绿色。

海水水色的测定一般多使用透明度板和水色计。在阳光不能直接照射处将透明度板下沉至透明度一半的深度，由水面上垂直观察透明度板白盘所显示的颜色即为该处海水的水色。水色级别的确定还需要用水色计进行比较，与水色计中系列标准水色管的色泽最接近的色级就是该处海水的水色级别。

水色计是由 22 支长 10 厘米、直径 8 毫米，内封装“弗莱尔水色标准液”的无色玻璃管组成。标准液是由精制的蓝、黄、褐 3 色溶液按不同比例配置而成，由蓝色逐渐过渡到褐色共分为 21 个色级，1 号为蓝色，21 号为褐色；中间则依次为深浅不同的天蓝色、蓝绿色、绿色、黄绿色、黄色、棕黄色、黄褐色、红褐色、棕褐色等，按色泽变化深浅程度依次排列。

海水的冰点

海水开始冻结的温度称为海水的冰点。海水的冰点随盐度及水深的改变而改变，盐度增高冰点降低，水深

海面的上浮冰

增加冰点下降。例如：在正常压力下，盐度 5 的海水冰点为－0.275℃，盐度 15 的海水冰点为－0.81℃，盐度 25 的海水冰点为－1.36℃，盐度 33 的海水冰点为－1.81℃，盐度 35 的海水冰点为－1.92℃。海水深度每增加 100 米，冰点下降－0.08℃。

海水的酸碱度（pH 值）

海水的酸碱度又称海水 pH 值。海水中由于含有较多的碱性元素，如钠、钙、镁等，因而正常情况下呈弱碱性，pH 值大约为 8.1。

溶解氧

海水中氧气的含量大约在 4.6～7.5 毫克/升的范围。其含氧量受水温及压力影响较大，水温升高则含氧量减少，压力增大含氧量也减少。由于全球的海洋是相互沟通的，因此自

黑　海

然状态下很少存在不含氧的水团。但黑海却是个例外，其200米以下的水层中几乎不含氧。黑海由于有几条大河注入，表层水的盐度很低，海水几乎不存在垂直对流的现象，因此表层水中溶解的氧很难到达底层，加上黑海与其他海的沟通又不是特别顺畅，因而底层水极度缺氧。在缺氧的情况下，底层中的嗜硫菌将硫酸盐分解为硫化氢，致使其底层海水略呈黑色。黑海也由此而得名。

海水中光的传播和声音的传播

在热带海域，照射到海面上的太阳光大约有10%被反射，90%被海水吸收。而在极地海域，因为冰层的反光率高，大约有60%～80%的阳光被反射，只有20%～40%被海水吸收。全球海洋的平均吸光率约65%。

海水对不同波长的光吸收率不同。有人曾用洁净的海水做过实验，将不同波长的单色光透过1米厚的海水层，结果波长675纳米的红光被吸收30.7%，波长450～475纳米的蓝光被吸收1.8%～1.9%，波长400纳米的紫光被吸收4.0%，由此可见，海水对蓝光的吸收率最低，而对波长大于或小于蓝光的其他色光的吸收率都高于蓝光。

太阳光照射到海面后，除了约35%被反射外，其余的均被海水吸收。在洁净的大洋水中，红光透过5米水层后被吸收20%，透过10米水层后被吸收99.5%，透射率仅0.5%；而蓝光透过60米水层后才有80%被吸收。透过140～150米水层后大约99%被吸收。照射到海面的阳光，在海洋表面1米的水层中大约有60%被吸收，透过10米水层后有80%被吸收，能透射到10米以下水层的光主要是蓝绿光。在洁净的大洋水中，蓝绿光的穿透深度可达数百米，至800米的水层还能发现极其微弱的蓝绿光，1000米水层只有依靠仪器才能记录到光的存在，1000米以下的水层则基本上是一片黑暗，只有用非常灵敏的仪器才能测到缕缕微光。

根据海水中的光照以及动植物的分布，可将大洋水垂直划分为3个不同的区：

洋面区，也称优光区，其分布水深通常在0～200米范围内，该水层中有一定的光线透过，浮游植物、浮游动物、鱼类等海洋生物在这里生活。洋面区的上层可以为浮游植物的生长提供足够光照，该水层也被称为光亮带。

中层区，也称弱光区，其分布水深约200～1,000米，海水中仅有极其微弱的光线透过，因而浮游植物已不能生存，水层中只有鱼类、虾以及头足类等动物。

深层区，也称无光区，分布水深通常在1,000米以下。其中，1,000～4,000米的水层也称海洋曙光区，只有用非常灵敏的仪器才能测到缕缕微光；4,000～6,000米水层为深渊区，6,000米以下水层为洋底区，这两个区均为完全黑暗的无光地带。

海水传播声音的能力比空气强。声音在空气中的传播速度大约为340米/秒，而在海水中的传播速度大约为1,500米/秒，传播速度比空气快4倍。声音在海水中的传播距离也要比空气中远得多，美国哥伦比亚大学的调查船“维玛”号于1960年所记录到的最大传播距离为1.2万海里，折合为2万千米。

声音在海水中的传播速度与海水的盐度、温度、水深（压力）有关。据研究，海水的含盐量每增加1‰，声音的传播速度就增加1.4米/秒；温度每增高1℃，传播速度就增加3.1米/秒；深度每增加10米，声音的传播速度就增加0.2米/秒。

声音在不同温度海水中的传播速度

水温（℃）	0	10	20	30
声速（米/秒）	1449	1490	1522	1546

声音在不同水深中的传播速度

水深（米）	0	10	100	1000	10000
声速（米/秒）	1449	1450	1451	1466	1629

海水的水质标准

《中华人民共和国海水水质标准》于 1982 年 8 月 1 日起开始实施。按照海水用途的不同将海水水质分为 3 类：第一类适用于进行海洋生物资源保护、建立海上自然保护区以及人类的安全利用；第二类适用于建立海水浴场和风景游览区；第三类适用于一般工业用水、港口水域和海洋开发作业区等。

我国海水水质标准

	第一类	第二类	第三类
色、嗅、味	无异色、异臭、异味		
悬浮物质	≤10mg/L	≤20mg/L	≤50mg/L
漂浮物			
pH 值	7.5～8.4	7.3～8.8	6.5～9.0
化学耗氧量	＜3mg/L	＜4mg/L	＜5mg/L
溶解氧	≥5mg/L	≥4mg/L	≥3mg/L
大肠菌群有害物质（mg/L）	＜10000 个/L（养殖食用生物用水则应＜700 个/L）		
汞（Hg）	0.0005	0.0010	0.0010
镉（Cd）	0.005	0.010	0.010
铅（Pb）	0.05	0.10	0.10
总铬（Cr）	0.10	0.50	0.50
砷（As）	0.05	0.10	0.10
铜（Cu）	0.01	0.10	0.10
锌（Zn）	0.10	1.00	1.00
硒（Se）	0.01	0.02	0.03
油类	0.05	0.10	0.50
氰化物	0.02	0.10	0.50
硫化物	按溶解氧计		
挥发性酚	0.005	0.010	0.050
有机氯农药	0.001	0.020	0.040
无机氮	0.10	0.20	0.30
无机磷	0.015	0.030	0.045

大洋底层低温水团

北极海域由于水温低，海水密度大，加之海水在大量结冰的过程中还会释出一部分盐，使海水的盐度增高，密度进一步增大，由此而形成的高密度海水将不断地下沉。当其沉降至海底后，还会沿着海底斜坡向更深处缓慢流动，最终可抵达水深更深的低纬度海域的海底，并逐渐取代该区域原有的底层水。由于该现象在极地海域长年累月不间断地进行着，久而久之就形成了全球各大洋中的深层与底层几乎全都被冷水团所占据，其上层为密度相对较低的水层，上层与深层之间存在密度跃层这样一种稳定的分布格局。

海冰是咸水冰还是淡水冰

海冰是海洋中各种类型冰的总称，包括海水冰与淡水冰两大类。淡水冰主要是大陆冰川断裂后进入海洋或者陆地河川流入海洋时冻结而形成的；海水冰则是海水在临界冻结温度下冻结形成的。海水冰也是由淡水冰晶构成的，不同之处是在冻结过程中冰晶之间还存留有少量的浓盐水，因而海水冰的密度（比重）要比淡水冰大些，并且其密度还与其含盐量有关。新冻结的海水冰密度一般为0.85～0.94，盐度通常在3～25之间。冻结时的温度越低，结冰速度越快，海水冰的含盐量越高。海水在冻结过程中总要释出一些盐分，因而其含盐量总是低于结冰时海水的盐度。初期海水冰中浓盐水的比例占2%～10%，但由于浓盐水的比重大，随着时间的推移，冰晶间的浓盐水会因重力作用而逐渐向下沉降，最终可渗出冰外。冰龄越长含盐越少。通常冰龄在1年以上的海水冰，盐水大部分都可以释出冰外，因含盐量很低，融化后甚至可以直接饮用。

全球冰川与海上冰山

南极冰盖和陆架冰川

整个南极大陆几乎都覆盖着一层厚厚的冰盖，南极大陆的平均海拔高度为2,300米，而冰盖的平均厚度竟达2,200米，冰盖的最厚处超过5,000米。南极大陆总面积1,410万平方千米，大约只有65万平方千米夏季无冰雪，不足南极大陆总面积的5.4%。此外，南极大陆周围还存在着广阔的陆架冰川。仅著名的罗斯陆架冰川面积就接近60万平方千米，超过法国的国土面积。南极陆架冰川漂浮于海面上，厚度约2～50米。

南极冰川

全世界的恒冰约有95%分布在南极，储藏量大约为3500万立方千米，占全世界淡水总资源的90%以上。

格陵兰冰川

格陵兰冰川面积约165万平方千米，大约占全岛面积的90%，冰层的最大厚度1,860米，边缘厚度约45米，平均厚度300米，储冰量约54万立方千米。

有人推算，假如覆盖南极的冰盖与陆架冰川和覆盖格陵兰的冰川全部融化，则全球的海平面有可能升高

海上冰山

100米。但是，由于冰层融化后该地区陆地的负荷减轻，而海洋海底的负荷增大，有可能导致陆地升高而海底下降，因此海平面的上升幅度可能要比上述值略小些。

海洋中的冰山是由南极的大陆冰盖、陆架冰川或者格陵兰等地的大陆冰川边缘断裂后漂浮于海上而形成的。这种冰山主要是由淡水冰构成，其厚度一般都在数十米至数百米。而由海水冻结的海水冰，其厚度一般不超过3米。

全球每年大约可形成1.2～1.5万个冰山。但是却没有人能够准确地统计出全球的冰山数量，以及其数量是在增加还是在减少。因为新的冰山每时每刻都在不断地形成，而旧的冰山也在漂浮中逐渐崩裂、消融。全球气候变暖可导致冰山形成的数量增加，但也将加速冰山的消融，究竟可使冰山的数量增多还是减少，短期内

南极冰山

还难以作出定论。有报道说，南极海域漂浮的冰山数量大约有22万个，但这个数字是否准确却是难以核实的。

海洋中的冰山能漂浮多久，很难一概而论。这不仅要看其体积的大小，还要看其周围环境温度的高低。根据目前所掌握的资料，海洋冰山一般都可以存在2年之久。

南北两半球的冰山有什么不同

南北两半球海洋冰山由于成因不同，外形也明显不同。南半球的冰山大多是由大陆冰盖边缘或陆架冰川边缘断裂而形成的，而北半球的冰山大多是由大陆冰川的断块形成的。由于南极地区气候严寒，冰川边缘不常断裂，因而形成的冰山体积一般都比较大，而且顶部平坦，被称为平顶冰山。平顶冰山约有90%的体积浸没于海水中，只有大约10%的体积漂露在海面上，其水下高度一般为水上高度的6倍左右。北半球的冰山大部分是从格陵兰等陆地冰川边缘分离而成的，体积相对较小，冰山的形状大多为不规则的锥形，被称为锥形冰山。锥形冰山的水下高度一般只有水上高度的2倍左右，虽然其体积较小，但露出海面的部分的高度有时比平顶冰山还要高。南半球已发现的最大冰山长约350千米，宽96千米，水上高度90米；而北半球已发现的最大冰山长仅10千米，宽5千米，水上高度却超过100米。

海洋冰山能作为人类的淡水资源吗

这个问题到目前为止还是个备受

争议的议题。有人认为是可行的，而有人则认为是不可行的。该问题一直是在支持与反对中徘徊着，因为它不仅仅涉及资源的归属问题，还因为其运输途中存在诸多不易解决的技术难题。例如，从南极到澳大利亚的距离就有 6,000 余千米，到中东则长达 2 万千米，轮船的拖运能力、运输途中冰山会融化或消耗多少、沿途船只和钻探平台等障碍物如何规避、运输途中冰山融化会对沿途海域的环境造成什么影响，等等，至今还难以作出比较有说服力的定论。因而直至如今仍然是议论者多而试验者少。

海洋气象

全球气候变暖能给海洋带来哪些灾害

全球气候变暖给海洋带来的灾害将是多个方面的：

海平面上升对广大沿海地带造成的后果将是灾难性的

其一，可导致南极冰原、高纬度地区的冰川以及海上冰山融化，致使全球海平面上升。有人预测，目前南极洲的储冰总量约 2,450 万立方千米，其储冰若全部融化可使全球的海平面上升 67 米；格陵兰的冰川总体积约 260 万立方千米，其储冰若全部融化可使全球的海平面上升 7 米；若全球所有冰原、冰川、冰山全都融化，有可能使全球海平面上升 76 米。虽然，冰川消融后陆地的负载减轻，大陆有可能上升，海洋则因负荷增大可能导致海底下沉，因而海平面的上升幅度有可能不会这样大，但海平面的上升幅度即使只有十几米或者几十米，对广大沿海地带造成的后果也将是灾难性的。

其二，可导致海洋水温升高。由于热带气旋形成的能量主要是来自海水中积蓄的热能，海洋水温的上升有可能导致飓风发生的频率增大，强度增强。有人曾用计算机进行过模拟演算，海水的温度每升高 1℃，则飓风的风速将可能增加 5%～12%，而飓风的风速每增加 16 千米/小时，对沿岸的破坏力将增大1倍。

其三，增加“厄尔尼诺”和“拉尼娜”的发生频率。“厄尔尼诺”和“拉尼娜”现象被认为是导致全球大面积气候异常的罪魁祸首，其发生频率的增加，有可能使地球上出现更多、更大的灾荒。

“厄尔尼诺”与“拉尼娜”

导致全球气候异常的“厄尔尼诺”现象，是由东南太平洋上一股强大的偶发性异常海流引发的。自有记录以来，该现象大约每12年左右出现一次。但是，进入20世纪后期其出现频率有增加的趋势。引发“厄尔尼诺”的原因是，某些年份在东南太平洋海面会出现大面积水温异常升高的现象，该暖水团常沿着南美洲西海岸的秘鲁和厄瓜多尔一带沿海南下，取代在这一海域正常活动的秘鲁寒流，致使该海域的水温也大范围地异常升高。该异常现象的出现可破坏海洋与大气的正常平衡，导致全球性气候异常，甚至诱发大范围的灾害性天气发生。由于该现象多生成于圣诞节前后，好似圣诞节诞生的婴儿，因而人们用西班牙语中Elnino（意为“圣

“厄尔尼诺”现象引发干旱

婴”）为其命名，音译为“厄尔尼诺”。引发“厄尔尼诺”现象的异常海流是怎样生成的，其原因至今未明。科学家曾有过多种不同的推测：有人认为太平洋上的强赤道风是引发该现象的主要环境因素；有人认为太平洋上信风减弱，导致赤道暖水层东移南下，是引发该现象的直接原因；我国部分学者还提出了“厄尔尼诺”现象的生成与地球自转速度变化有关的假说。

“厄尔尼诺”现象最早是由弗朗西斯科·皮萨罗发现的。在20世纪的100年中，全球共发生过17次由“厄尔尼诺”引发的大规模灾害性气候，每次的持续时间短则数月，长则

“拉尼娜”引起的雪灾

1～2 年。其中发生于 1982～1983 年的那次“厄尔尼诺”是对全球气候影响最严重的一次，不仅强度大，影响范围广，造成的灾害严重，而且其持续时间长达 2 年之久。

“拉尼娜（Lanina）”为西班牙语“小女孩”的意思，是一种与“厄尔尼诺”的生成原因和影响特征都相反的一种灾害性气候异常现象，因而也被称为反“厄尔尼诺”现象。“拉尼娜”经常与“厄尔尼诺”交替出现，但其发生频率和对全球气候的影响程度一般都不如“厄尔尼诺”强。“拉尼娜”的起因是：太平洋中东部海域海水大范围持续异常低温，当表层水温比常年值偏低 0.5℃以上并且持续时间超过 6 个月以上时，即可能引发“拉尼娜”现象。

“拉尼娜”出现时，常造成澳大利亚东部、巴西东北部、印度、非洲南部等地区多暴雨，而太平洋中东部、赤道两边的非洲国家、阿根廷等地区多旱灾。2006 年初，菲律宾等地的持续暴雨及其所引发的泥石流灾害，曾造成菲律宾莱特省数千人死亡或失踪。这次事件被认为是由“拉尼娜”引发的气候灾害所造成的。

热带气旋、台风、“台风眼”与风暴潮

在南北纬 23.5°之间的赤道低气压区及其附近海域，海水经常被强烈的阳光直射，蒸发量非常大，当海面的水温上升到 26℃～27℃以上时，就会形成一股强大的上升气流。该气流含有大量的水蒸气，在上升过程中会凝结而形成暴雨，同时水蒸气在凝

台风眼

结过程中还会释放出大量的能量。该气流形成过程中由于受地球自转偏向力的影响，可成为一股旋转上升的气

流，气流的旋转方向在北半球为逆时针方向，在南半球则为顺时针方向。这种强大的旋转上升气流被称为热带气旋。由于地球在自转过程中保持一定偏转角，热带气旋的生成范围有时可扩大至南北纬 30℃之间的热带和副热带海域。纬度更高的海域因为没有高温海水为其提供足够的能量，所形成的上升气流一般都不够强大，也难以长时间地维持，很难形成热带气旋。而南北纬 5°之间的赤道海域，虽然水温很高，但因地球自转产生的偏向力较小，热带气旋也很难形成。

热带气旋形成后，大多以每小时十几千米至几十千米的速度在海上缓慢移动。气旋周围除携有狂风外，经常还伴有暴雨或大暴雨，同时由狂风掀起的巨浪，可引发沿海的风暴潮，给海上航行的船只以及沿海港口设施和群众生命财产造成巨大损失。

热带气旋的等级

我国气象局自 1989 年 1 月 1 日开始执行的热带气旋名称和等级标准，是根据热带气旋中心附近的最大风力，将其分为 4 个级别：气旋中心附近的最大风力为 7 级、风速不超过 34 海里/小时（62 千米/小时或 17.1 米/秒）时，称为热带低压；中心附

飓风来袭

近风力 8～9 级、风速 34～47 海里/小时（63～88 千米/小时或 17.2～24.4 米/秒）时，称为热带风暴；中心附近风力 10～11 级、风速 48～63 海里/小时（89～118 千米/小时或 24.5～32.6 米/秒）时，称为强热带风暴；中心附近风力达到 12 级或 12 级以上、风速≥64 海里/小时（≥119 千米/小时或≥32.7 米/秒）时，称为台风。台风是我国及东南亚地区人民对 12 级及其以上强热带气旋的称呼，在大西洋和加勒比地区被称为飓风，在印度洋沿岸则称为旋风。

全球每年形成的强热带气旋数平均约 45 个左右，比较集中地发生在西北太平洋、东北太平洋、西南太平洋、西北大西洋、南印度洋、孟加拉湾、阿拉伯海、澳大利亚西北海区等 8 个海域，其中在西北太平洋菲律宾以东的洋面的生成概率最高，平均每年约 18.5 个。

台风的等级

1971年美国工程师萨菲尔和国际飓风研究中心主任辛普森博士根据飓风的中心气压、中心附近风速以及可引发的涌浪高度等特征，将飓风再分为5个不同的等级。

萨菲尔—辛普森的飓风等级标准及其破坏潜力

等级	中心气压（Pa）	风速（km/h）	涌浪高度（m）	破坏力
1	>980	119～153	<1.8	能造成沿岸树木房屋等损失
2	965～979	154～177	1.8～2.5	有可能淹没沿岸房屋码头
3	945～964	178～209	2.6～3.7	沿岸1.5米高以下的低地有可能被淹没
4	920～944	210～249	3.8～5.5	沿岸5米高以下的低地有可能被淹没
5	<920	>249	>5.5	沿岸8～16千米范围内的居民应撤离

我国过去对台风不进行分级。自2006年起，气象部门根据台风的风力大小，将台风分为台风、强台风、超强台风3个级别：中心附近最大风力为12～13级、风速32.7～41.7米/秒的称为台风；中心附近最大风力14～15级、风速41.7～50.7米/秒的称为强台风；中心附近最大风力超过16级、风速超过51米/秒的称为超强台风。

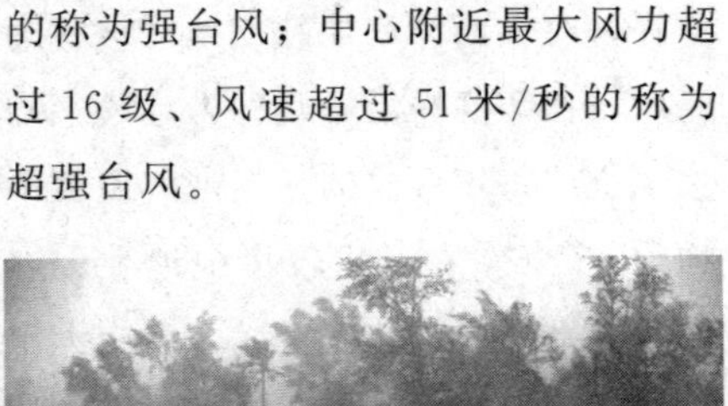

台风具有极强的破坏力

“台风眼”

热带气旋的中心区为气流急剧上升的低气压区，人们习惯上将其称为“台风眼”。“台风眼”内的风力不像其外围那样强，也不常出现暴雨，“台风眼”的周围才是风速最大的狂风暴雨区。再向外，则风速又逐渐减弱。气旋中心的气压越低则风暴越强。

风暴潮

风暴潮也称气象海啸或风暴增水，是指由台风、强气旋、气压骤变等原因而引发的海平面异常变化。该变化若恰逢大潮汛期，会使局部沿海地区显著增水，导致海水暴涨，结果会给沿海地区的港口设施和居民的生命财产造成巨大损失。风暴潮的形成原因为：强气旋中心的低气压可导致海平面局部突起，该突起部分在强风的持续作用下波浪将不断增高，由此而形成的大浪传播至沿海浅水域后可变成滔天巨浪，引起海水暴涨，形成

风暴潮

具有巨大破坏力的风暴潮。据记载，造成死亡人数超过 10 万人的风暴潮在孟加拉国曾发生过 3 次，印度、日本各发生过 1 次，新中国成立前，我国也曾发生过 1 次。1970 年 11 月 12 日发生在孟加拉国吉大港一带的风暴潮，海水骤涨高度达 6 米，造成 20 万人死亡，100 万人流离失所。

海龙卷

海龙卷即发生在海上的龙卷风，是由一股偶尔生成于海上的柱状气旋形成的。该气旋势力强大，下起海面，上接云层，风速可达 80～160 千米/小时。由于其旋转强烈，中心气压非常低，因而可将气旋中心的空气、水蒸气甚至少量海水都一起带向高空，形成一条下接海面、上接低垂乌云、颜色昏暗、在海上缓缓移动的柱状气旋，人们常将其称为“海龙卷”，沿海居民也称其为“龙吸水”。海龙卷的中心气压低、旋转力强、风速大（最大风速可超过 100 米/秒，甚至高达 200 米/秒，而 12 级台风的风速也只有 33 米/秒），因而能对航行中的船舶等造成极大的危害。但其气旋范围通常只有数十米至上百米，持续时间一般也只有几十分钟，至多也不过数小时，因而影响范围和危害程度远不像台风那样严重。全球每年可形成“海龙卷”近千次。

海上风力有多大

测定海上风力有一定难度。1806 年英国人蒲弗根据风速及由风而引起的波浪大小和海面状态等，制定了风力的等级标准。该标准被各国一直沿用至今，被称为蒲氏风级。蒲氏风级将风力共分为 12 个等级，其中 0～6 级分别被称为无风、微风、和风、劲风、强劲风等，大于 7 级则被称为热带低气压、热带风暴、强热带风暴、

台风或飓风。一般情况下陆地上的风力很少能达到12级，而海上的风力最大时远远超过12级。在有记录的海上飓风中，以墨西哥湾和加勒比海一带所形成的飓风势力最强，其最大风速曾达243千米/小时，瞬间风速甚至达到483千米/小时。2006年8月10日，在我国浙江沿海登陆的第八号超强台风“桑美”，中心附近最大风力达17级，风速达245千米/小时（68米/秒），是我国沿海有记录以来最强的一次台风。

蒲氏风力等级表

风力等级	风速（km/h）	状态说明
0	0～2	海面平静
1	3～6	海面有微波
2	7～11	海面有小浪
3	12～18	开始出现浪花
4	19～30	海上叠浪，陆上树枝摇摆
5	31～39	海上浪花飞溅，陆上树木摇动
6	40～50	海上中浪，船上撑伞困难
7	51～62	海上大浪，船上行走困难
8	63～75	海上大浪，船上站立困难
9	76～88	海上巨浪
10	89～100	海上狂风巨浪
11	101～117	海上水点飞溅，视线不清
12	＞118	

地球上的风带

地球上的主要风带有7个，分别是赤道无风带、（南北）信风带、（南北）西风带、（南北）极地东风带。

赤道无风带

主要分布在赤道两侧、南北信风带之间的地带。该区域气候湿热，一年之中大部分时间内无风。由于地球是以23.5°的倾斜角绕太阳公转，因而赤道无风带的位置随季节变化而有规律地移动着，一年两次跨越赤道，其变化幅度因地域而异，在南美、非洲、东南亚和印度洋的移动幅度为20°～30°，在太平洋和大西洋上，移动幅度要稍小些。

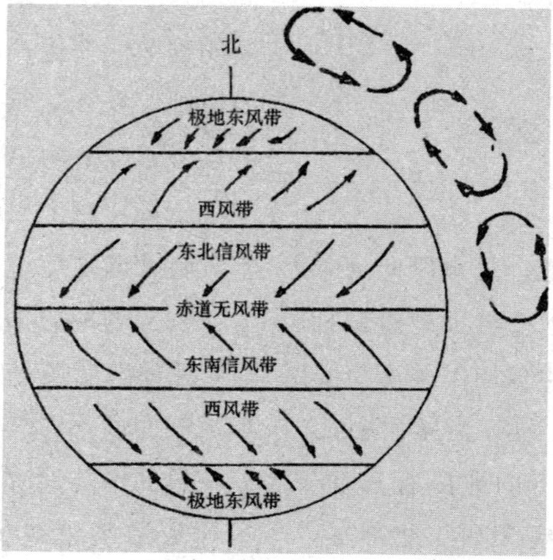

地球上的主要风带示意图

信风带

信风带分别分布在南纬 20°～30°和北纬 20°～30°地带。由于地球是以 23.5°的倾斜角绕太阳公转，因而南北信风带的位置也是随着季节的变化而有规律地移动着。信风带在北半球盛行东北风，在南半球则盛行东南风，风向稳定。信风带是英国科学家 J. F. 丹尼尔（1790～1840）于 1823 年发现的。18 世纪以前海上贸易发达，航海常需要借助该风，因而南北信风也被叫做贸易风。

信风带与西风带之间为副热带高气压区，是天气系统很不稳定的地带。

西风带

西风带分别分布在南纬 40°～50°和北纬 40°～50°地带。长年盛行西风，而且风力较大。

西风带与极地东风带之间为副极地低气压区，由于两个风带的交互作用常形成气旋或低气压前沿，这里常出现恶劣天气。副极地低气压区与极地东风带的交界面被称为极锋。

极地东风带

极地东风带分别分布在南纬 60°～70°和北纬 60°～70°地带。长年盛行东风，风力也较大。

极地东风带以内的地区，即极地周围的高纬度地区为极地高气压区，气候严寒干燥，多大风。

季　风

季风也称季节风，是指风向随着季节的变化而显著改变的大规模盛行风系，其最主要的生成原因是由海陆之间温度季节性变化的差异而引起的。地球上季风盛行的地区有东亚、南亚、非洲中部、澳大利亚北部等，其中以印度季风和东南亚季风最为著名。季风有时是温暖而湿润的，有时则是寒冷而干燥的，可对沿海地区的气候产生较大影响。

经典的季风成因说认为，由海陆间热效应的季节差异而导致底层气压差的季节性变化，是形成季风的最主要原因。夏季陆地受热升温快，海上升温慢，陆上的热空气上升，致使陆上气压低，海上气压高，海上的冷湿空气会吹向陆地进行补充，多形成由海洋吹向陆地的季风，冷热气团相遇后，水蒸气会凝结而成为降水，因而形成湿润多雨的气候；冬季则恰好相反，风向由陆地吹向海洋，干燥的季风导致降水量减少，气候寒冷而干燥，但风力一般也不小。

季风在我国沿海表现为夏季盛行东南风，气候湿润多雨；冬季盛行西北风，气候寒冷干燥。

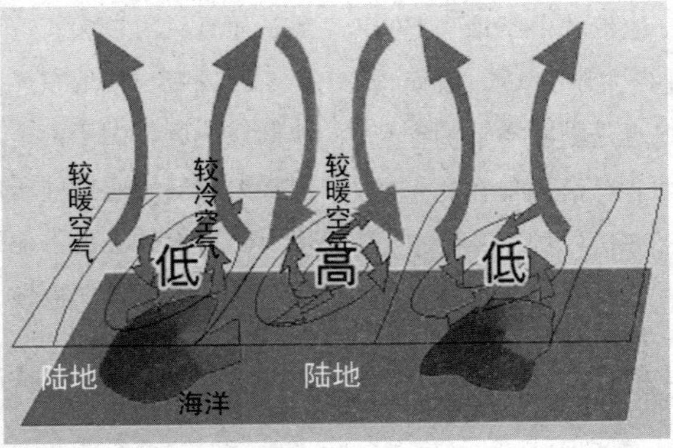

季风环流示意图

海洋生物

海洋中有多少生物及种类

海洋中生物的种类与数量都非常丰富。据估计全球海洋中目前生活着各种海洋生物至少有 20 万种，总生物量大约 342 亿吨。但是，要比较准确地说出海洋中究竟有多少种生物，至少在目前还无法实现。其一，至今人类对深海水域的探测范围极其有限，估计还有一些深海生物尚未被发现；其二，由于自然杂交和遗传变异等作用，新的物种不断出现，而老的物种又在逐渐灭绝，物种的数量几乎每时每刻都在变化着；其三，部分海洋生物中还存在着同种异名或异种同名现象。

海洋中生物的种类与数量都非常丰富

海洋生物的数量，除了用种类来表述外，更多的还是用其数量的多少来进行表述。比较常用的数量表示方式有两种：一是用种群的个体数量；二是用其产量或资源量。

在已知的所有海洋生物中，若以种群的个体数量表述，要数浮游生物的数量最多，仅浮游动物中的桡足类，其个体数量即可超过全部大型海洋生物的个体总数；至于浮游植物，其数量要比浮游动物多得多。浮游生物的个体数量虽多，却因其个体一般都非常小，以至于大约需过滤1000万升海水才能获得1千克浮游生物（干品），其代价确实太大，因而至今尚无人尝试去开发利用这一丰富的生物资源。但是，作为海洋中其他生物的初级饵料，浮游生物在海洋食物链中却发挥着必不可缺的重要作用。若以种群的产量和资源量表述，海洋中以鱼类和贝类最多。海洋中鱼类的种类多达25000种，每年仅资源的增长量即高达6亿吨左右，全世界每年的鱼类捕捞量一般都在1亿吨上下。

我国有多少海洋生物

我国是世界上12个生物多样性特别丰富的国家之一，仅海洋生物的种类就有2万种之多，占世界海洋生物物种总数的25%以上。其中，有捕捞价值的鱼类约2500种，虾蟹类约800种，此外还有贝类、海藻类、海参、海胆、鱿鱼、海蜇、海豚等。仅可以入药的海洋生物就多达700余种。我国的海洋生物种类虽然丰富，但渔业资源量却不丰富，我国渔业资源的最大年可捕量只有730万吨左右，在世界上仅处于中下等的水平。

海洋生物种类繁多

海洋生物数量庞大，种类繁多，为便于记忆和统计，人们常按其特征与属性将之分为若干个类别。海洋生物的分类方法有多种，最常见的是生物系统分类法。该方法将海洋生物先分为海洋动物、海洋植物、海洋菌类3大类，每个类别再依次按门、纲、目、科、属、种的顺序将海洋生物细分至种。全球目前已发现的海洋动物大约有18万种，海洋植物约2.5万种。

海洋植物

海洋植物一般都称其为藻类，在植物系统分类学中，藻类又被分为绿藻、褐藻、红藻、硅藻、金藻、黄藻、甲藻、蓝藻等8大门类，每个门再依次按纲、目、科、属、种的顺序进行细分。有时，人们还按藻类的个体大小和生活方式，将其分为浮游藻类和大型固生藻类两大类，其中以浮游藻类的数量最多，大约可占藻类总数的90%以上。在浮游藻类中，数量最多的是硅藻，其最大分布密度是每升海水中可达100个以上。浮游藻

海洋植物

类的个体一般都非常小，人们用肉眼很难分得清，大多需要借助显微镜才能看到。大型固生海藻类虽然数量不算多，但与人类生活的关系却更为直接。海带、裙带菜、紫菜、龙须菜（学名江蓠）、海青菜（学名石莼）等不仅是人们喜欢食用的海藻类，有些还可以作为海洋化工等产业的重要原材料。其中，海带和裙带菜属于褐藻，藻体色泽多呈褐色，幼嫩时呈绿褐色；紫菜和龙须菜属红藻，呈红褐色；海青菜属绿藻，呈绿色。螺旋藻也是人们比较常见的藻类，属蓝藻，呈蓝紫色，其个体大小犹如一小段卷曲的头发丝，是人们在最近十几年才开发的一种营养丰富的藻类，被认为是人类最优质的蛋白源之一。

海洋动物

海洋动物按动物系统分类学可分为原生动物、多孔动物、腔肠动物、扁形动物、线形动物、环节动物、节肢动物、软体动物、棘皮动物、脊索动物等十几个大门类，每个门类再按纲、目、科、属、种的顺序依次细分。海洋生物中与人类关系最密切的首推海洋动物，鱼、贝、虾、蟹都是人们经常食用的水产品，也是人类从海洋获取蛋白质的重要蛋白源。

海洋动物

海洋细菌

海洋细菌的种类和数量也非常多，有些种类可以使海洋生物致病，如某些海洋弧菌类；有些种类则可以作为其他海洋生物的食物，如海洋酵母类、海洋硫化菌类等。虽然它们与人类的关系远不如海洋动物和海洋植物那样密切，但是在维持海洋生态平衡方面也起着重要的作用。

除上述分类外，在渔业资源领

域，人们还常按各种生物在海洋中的空间分布及其生活方式等特征，将之分为浮游生物、游泳生物、底栖生物3大类群。

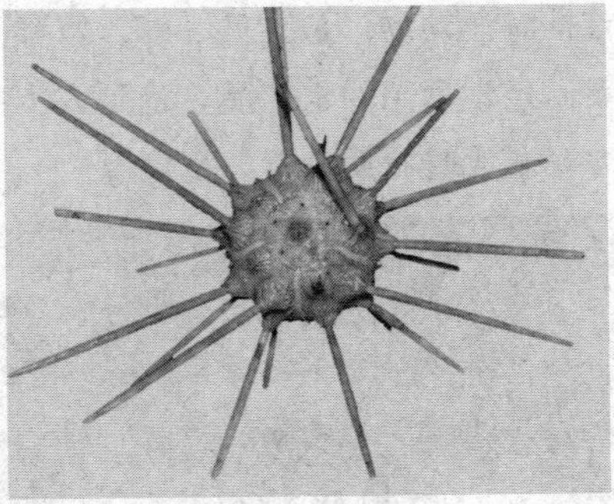

海洋细菌

浮游生物

浮游生物通常是指游泳能力一般不太强，仅能长年漂浮在海水中生活的海洋生物。浮游生物又分为浮游植物和浮游动物两大类群。其中，浮游植物可以利用海水中的无机物，通过光合作用自身合成有机物，是海洋中有机物的生产者，也是浮游动物、某些滤食性贝类和滤食性鱼类的食物供应者；浮游动物主要依靠摄食浮游植物、有时也可摄食海水中的有机物碎屑和其他有机质微粒生活，同时它们又是小鱼小虾的食物。

浮游生物的个体一般都比较小，有些种类只有一个细胞，被称为单细胞生物，如硅藻、小球藻、金藻等；有些种类虽然是由几个细胞组成的，但细胞之间没有器官分化，细胞脱离群体后仍可以独立生活，被称为群体生物，如螺旋藻、角毛藻等；有些种类也是由多细胞组成，但细胞间开始有器官与功能的分化，被称为多细胞生物，如轮虫、糠虾等。浮游生物中也有少数个体较大的种类，如水母类中有些种类最大的直径可达2米、须腕长超过5米。一般地讲，浮游植物以单细胞种类占多数，浮游动物一般都是多细胞生物。

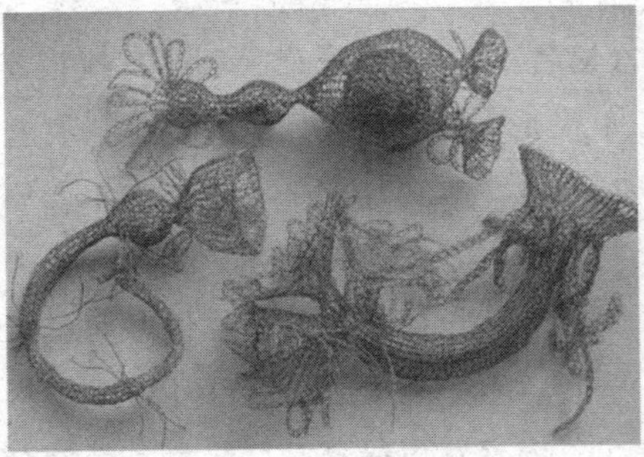

浮游生物

世界上第一个对浮游生物进行采集研究的人是德国科学家J·缪勒(1801～1858)，他从1846年开始进行环球考察，用特制的浮游生物网采集了大量浮游生物标本。

游泳生物

游泳生物是指那些游泳能力较强、可以在海水中自由游动、体型相对较大的海洋生物。绝大多数鱼类、虾类，以及鱿鱼、海豚、鲸、海豹等都属于游泳生物。

虎　鲸

底栖生物

底栖生物这一术语是由德国自然科学家N·海克尔（1834～1919）提出的，是指那些大多数时间都在海底匍匐生活或固着生活，或者潜藏于海底泥沙层中过着埋栖型生活的生物，蟹类、龙虾、海参、海胆、海带以及大多数贝类（如扇贝、蛤蜊、牡蛎等）都属于底栖生物。有些鱼类，如比目鱼、鳐、魟等，虽然也具备一定的游泳能力，但因其大多数时间都生活在海底，因此也被划归为底栖生物。

底栖生物

游泳生物和底栖生物是构成海洋水产品的最主要生物，而浮游生物则是它们的重要食物来源。

海洋生物的生活环境

海洋浩瀚无垠，海洋生物可以在广阔的大海中尽情遨游。但是，海洋中却并非处处都有海洋生物，生物分布还要受许多环境因素的制约。

浮游生物是海洋中个体数量最多的生物。其中，浮游植物必须生活在有光照的水域中，因为它们必须依靠光合作用来制造营养，维持生命，因而浮游植物白天一般多生活在洋面区上层的光亮带，即100米以内的浅水层中，夜间可下沉至200米以内的稍深水层中。浮游动物大多以浮游植物为食，由于其摄食活动大多是在夜间进行，因而夜间它们大多活动在200米以内、有浮游植物分布的水层中，白天则下沉至200米以下的弱光区生活。

鱼类大多以浮游动物或者小型鱼

鱼类大多以浮游动物或者小型鱼虾等为食物

虾等为食物，因而其分布水域大多在距海岸几百千米、水深 200 米以内的大陆架及其附近海区。大陆架水域分布的鱼类数量大约可占鱼类总数的 2/3 以上，只有一部分大洋性洄游鱼类，如金枪鱼、旗鱼、鲣鱼等，可分布至广阔的大洋水域。还有部分鱼类几乎长年都生活在海底，成为底栖性鱼类，如比目鱼。此外，还有少数鱼平时都生活在海洋中，但繁殖季节则需要溯游至江河内产卵繁殖，如鲑鳟鱼类。在更深的海底水域，虽然也曾发现过鱼类，例如，深海潜艇曾在数千米以下的深海海底发现过形状怪异的鱼，1978 年在南极罗斯冰架下 597 米的冷水团中发现过鱼，但大洋深处究竟有多少鱼类，至今仍然是个未知数。

贝类中绝大多数都生活在海底，这也是由其生活习性所决定的。贝类需要滤食浮游性微藻类或者捕食其他贝类，其生存水域中必须有足够的食物，因而它们大多也只能分布在水深 100～200 米以内的海域。虾蟹类大致上也是如此。至于深海中有多少生物，至今仍不是十分清楚。因为直至目前为止，全球海洋中大约只有 5% 左右的水体被人类基本上探明，而占全球海洋 80% 以上的深海区，除了少数探险家偶尔光顾之外，基本上还属于未知的空白区，人类对深海的了解仅知之皮毛。

深海中一片漆黑，水温一般只有 2℃ 左右

深海中一片漆黑，水温一般只有 2℃ 左右，而压力却高达 30～110MPa，是正常大气压（0.1MPa）的几百倍乃至上千倍，深海下层的海水中含氧量仅为表层海水的 1/10 左右。如此恶劣的环境条件普通海洋生物是根本无法存活的。据计算，海水深度每增加 10 米，产生的压力就相当于一个大气压（0.1MPa）。在水深超过 30 米的海底，未经特殊训练的潜水员就很难承受海水的巨大压力；

在水深1,000米的深处，海水的压力可达100个大气压（10MPa），如此大的压力足以使木材的体积被压缩至一半，变得像金属一样不能漂浮而只能下沉；在水深10,000米以下的深海中，压力超过1,000个大气压（100MPa），曾在该深度考察过的用特殊钢制造的直径218厘米、壁厚8.7厘米的深潜器，大小被压缩了2毫米，同时深潜器的外部涂层也在巨大的压力下全部剥落。

根据深海探险家描述，为适应深海中这种特殊环境，深海生物的体色多呈红色、黑色或者无色，有些种类还能发出磷光；深海鱼的眼很小或者全盲，嘴大，颚宽阔，胃容量很大，以便能获取并容纳更多的食物；由于深海中食物稀少，深海生物的体型一般都不太大，新陈代谢迟缓，生长也极其缓慢；可能因深海中生物密度较小、同类难求的缘故，许多深海生物的配偶常常是终身的，有的种类雄性个体还以寄生的方式终生依附于雌性个体身上，成为永不分离的终身伴侣。

深海生物由于长期生活在低温、高压、少氧的环境中，采集上来后会很快死亡并腐败解体，因而能保留下来的标本就极为罕见。1996年一艘

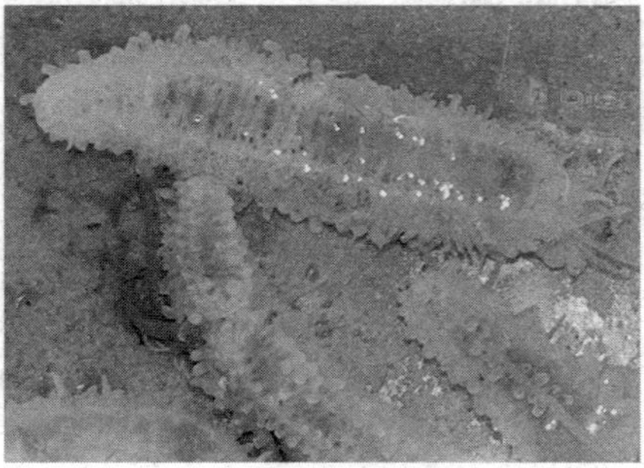

奇异的深海生物

科学考察潜艇在马里亚纳海沟查林杰海渊中第一次在11,000多米深的海底收集到微生物样品，该样品在实验室经培养后，被鉴别出多种原始细菌类和真菌类，其中还包括一些抗寒菌类及其孢子。这些菌类能承受比海面高1,000多倍的压力和2℃左右的低温，并且在这种苛刻的环境条件下仍能正常地生活与繁衍。

形形色色的海洋生物

最大的海洋生物

海洋生物中体型最大的当属鲸，鲸类中又以蓝鲸（也称剃刀鲸）的体型最大。成体蓝鲸的平均体长雄性可达25米，雌性则可超过26米。国外曾捕获过一条体长34.6米、体重

蓝 鲸

154 吨的雌性蓝鲸，这也是人类有记载以来所记录到的个体最大的生物，据说仅其舌头的重量就超过陆地上的最大生物——大象的体重。蓝鲸不仅是最庞大的海洋生物，也是迄今地球上所有生物中体型最大的。即使是一头刚出生的小蓝鲸，体长也有 7 米，体重接近 3 吨。鲸的妊娠期约 11～13 个月，最长寿命 80 年以上。虽然鲸的体型庞大但并不笨拙，游泳能力和潜水本领都很强：最快游速可达 37 千米/小时，并可数小时内一直保持在 28 千米/小时以上的游动速度；其潜水深度最深可超过 1,000 米。其中属抹香鲸的潜水本领最强，最大潜水深度可达 2,200 米，潜入水下的时间可长达 1 小时。

各类海洋生物的“巨无霸”

鲸虽然体型庞大但并非鱼类，鱼类中体型最大的应是鲸鲨。根据报道最大鲸鲨体长达 21 米，体重超过 40 吨。而体型最小的鱼为生活在菲律宾吕宋岛及马绍尔群岛的一种鰕虎鱼，其体长一般只有 1～1.5 厘米，体重仅几十毫克，这种鱼需要几万条才有 1 千克重。

鰕虎鱼

软体动物头足类中体型最大的是大王乌贼，其最大个体体长可达 17 米，其中头和躯体长 6 米，腕长 11 米；而体型最小的细乌贼体长则仅有 1 厘米左右。某些种类的章鱼个体也很大，1973 年在美国华盛顿州附近海域捕到的一只太平洋章鱼腕长达 7.8 米，体重 53.6 千克。章鱼腕上生有许多吸盘，具有非常大的吸力，体型大的章鱼腕上吸盘多达 2000 个，每个吸盘的吸力约 100 克，总吸力可达 200 千克。

贝类中体型最大的是生活在热带海洋的砗磲，其最大个体壳径达 1.2 米，体重 100 千克；海藻中体型最大的种类是太平洋巨藻，全长可达 60 米，能从几十米深的海底一直生长到海面；水母类中体型最大的为霞水母，最大个体伞径可达 2.4 米，腕长则可达 36 米；有一种被称为丝带虫的蠕虫类的海洋生物，其体长平均约 4.6 米，最大者可达 30 米。这些也都称得上是同类当中的“巨无霸”。

游得最快的海洋生物

海洋生物中游得最快的当属旗鱼，最快游速可达 110 千米/小时，相当于高速公路上快速奔跑的小汽车。旗鱼常年生活在大洋中，身体呈流线型，背鳍长而高，口吻部向前突出为箭状，尾鳍发达有力，游动非常迅速。

旗　鱼

海洋哺乳动物中以海豚游得最快，最高游速可超过 50 千米/小时。

企鹅是海洋鸟类中的游泳高手，最快时可达 35 千米/小时。

乌贼是无脊椎动物中的游泳冠军，当它遇到紧急情况时，可以用胴体部的喷管喷射海水来产生推进力，短时游速可达 32 千米/小时。

表中列出部分海洋生物的最快游速，从中可以比较它们之间的差异。

海洋生物游速简表

种类	旗鱼	箭鱼	金枪鱼	海豚	鲸	鲨鱼	企鹅	乌贼	燕鳐鱼	鲤鱼
游速（千米/小时）	109	97	80	50	37	36	35	32	32	12

会飞的鱼

鱼不仅会在水中游泳，有些还会离开水在空中飞翔，这种会飞的鱼被人们称为飞鱼。飞鱼的种类多达上百种，例如在我国南北沿海比较常见的燕鳐鱼就属于会飞的鱼。燕鳐鱼的体长一般只有 20～30 厘米，身体呈流线型，胸鳍宽大，展开后呈翼状。当其在水中遇到敌害攻击或者受到惊吓时，能以每小时 30 千米以上的游速迅速冲出海面，并展开宽大的胸鳍，像鸟儿那样展翅在低空飞翔。有时为了增加前进的动力，延长飞行时间，燕鳐鱼还经常用尾不停地击打水面。据记载，燕鳐的最长飞行距离达 396 米，离开海面的最大高度 6 米。位于北美洲加勒比海的岛国多米尼加以盛产飞鱼而闻名，据说其周围的海洋中

燕鳐鱼

飞鱼的种类多达数十种，最大的种类体长可超过 1 米，最大飞行距离近千米。

飞鱼看似会飞，但实际上只是在海面上空滑翔，因为在整个飞行过程中，其鳍既不能像鸟翅那样上下扇动来产生飞行动力，也不能像昆虫翅膀那样不停地快速抖动来产生动力，而只能像滑翔飞机那样，依靠在水中快速游泳产生的原动力，冲出海面滑翔，飞行一段距离后仍要再落回大海继续游泳。

能上树的鱼

鱼不仅有会飞的，还有会跑的，甚至会爬树的。在我国东南沿海潮间带生活着一种小型海水鱼，学名叫弹涂鱼，体长一般只有 10 厘米左右，其胸鳍和腹鳍的肌肉非常发达，能用胸鳍和腹鳍支撑起身体跳跃前进，有点像陆地动物的四肢那样。退潮后，弹涂鱼常用其胸鳍和腹鳍支撑起身体，在海滩上活泼地跳动，因而也被当地群众称为跳跳鱼或跳鱼。弹涂鱼有时还能利用其胸腹鳍攀爬到水边的芦苇上或树丛上捕食昆虫。

弹涂鱼

会发电的鱼

鱼类中还有少数种类体内生长着可以产生电流的器官，能释放出电流，用以击退敌人，保护自己。有的种类可产生比较强大的电流。例如：电鳐的放电电压最高可达 200 伏(V)，完全可以击退一些体型较大的

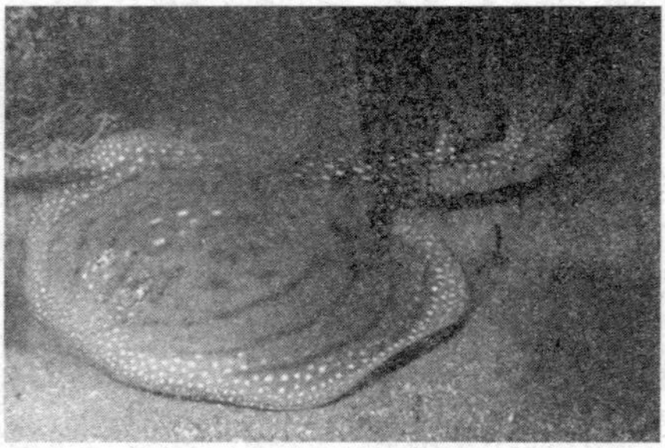

电　鳐

侵犯者；而电鳗的放电电压最高时可达600伏，甚至可以击昏一头大水牛。虽然它们的放电电压都比较高，但储存的电量有限，经几次放电便消耗殆尽，需要经过一段时间后才能再次放电。

据测量，电鳗在放电时的平均电压约350伏，电流可大于1安培(A)，瞬时放电电压可达500～600伏、电流近2安培，功率约1千瓦(kw)，最高放电电压可以达到650伏。电鳗和电鳐释放的虽然都是直流电，但放电频率可达每秒300个脉冲。

电鳐的自然分布较广，我国海域有时也可以发现。电鳗则主要分布在南美洲亚马逊河流域，电鲶主要分布在非洲尼罗河一带。

懂得“免费旅行”的鱼

海洋中有一种鱼叫做鲫鱼，其头顶上生有一个形状像胶鞋底的大吸盘，它可以用该吸盘吸附到鲨鱼等大型鱼类的身上或者航行中的船舶上，进行免费旅行，被人们戏称为“免费旅行家”。但是，鲫鱼并不是白白地利用被吸附鱼的劳动力，而是与被吸附鱼之间存在一定的共生关系，因为它可以吃掉被吸附鱼身上的寄生虫和食物残渣，起到免费清洁工的作用。

鲫　鱼

冻不死的海洋生物

有些海洋生物为了适应特殊的生活环境，必须具备特殊的本领。例如，生活在南极海域的一种鱼非常耐寒冷，即使在冰冷的海水中其血液也不会凝固，而普通鱼的血液在0.8℃左右就开始凝固了。研究发现，这种鱼的血液中血红素比普通鱼少96%，但却含有大量含羟基的特殊物质，而含羟基物质常被人们作为汽车散热器防冻剂的重要成分。在美国阿拉斯加海域还生活着一种鲑鱼，即使被冻入冰块中也不会死亡，在冰块融化后还能照样生活。当地人在捕到这种鱼后常将其放到篮子里然后在户外冻起来，想吃时再拿到屋里解冻，解冻后的鱼仍然是活鱼。此外，生活在高纬度海域潮间带的贝类耐寒能力也非常强。例如，我国北方沿海冬季的气温可降至0℃以下，生活在沿海潮间带滩涂的文蛤和褶牡蛎经常被冻入冰中。这些贝类被冻到冰中3～5天，解冻后照样还可以存活。

被称为“活化石”的海洋生物

1938年12月22日，在南非的东伦敦港近海曾捕到一条名为“空棘鱼”，也称腔棘鱼、矛尾鱼或者拉蒂迈鱼的特殊鱼类，曾引起海洋生物界的轰动。因为空棘鱼类的化石最早出现于泥盆纪至白垩纪，至今已有4亿多年的历史，并且被认为在2亿年前就已灭绝，其中的一支——骨鳞鱼，还被认为是两栖动物的祖先。空棘鱼的形态结构仍保留着古鱼类的某些特征，例如，其胸鳍骨骼与古代两栖动物相似，能向各个方向转动，可以在水底爬行；体内有一个类似肺的气囊；尾鳍呈矛形，由3叶组成；鳍条不分枝；鳍与身体之间的骨骼连接方式与古鱼类相似。因而这种鱼被人们称为海洋鱼类中的“活化石”。其后该种鱼又曾在南非、科摩罗等海域被捕获过数条，其中1999年发现的那条还被认为是一个新种。

空棘鱼

产于热带太平洋海域的鹦鹉螺则被人们称为贝类中的“活化石”。鹦鹉螺最早出现于晚寒武纪，在奥陶纪、志留纪和早泥盆纪最繁盛，延续至今已有4～5亿年。其外形与现代其他螺类有些相似，但鹦鹉螺贝壳的盘旋方向是沿着同一个平面，而其他螺类的盘旋方向则是三维的。此外，鹦鹉螺的壳内还被横隔片分隔为许多个小室，称为气室，横隔的中部有一个小孔，使各气室相互连通。它的软体部生活在最外侧的一个室内，这个室称住室。鹦鹉螺可以通过调节气室内的气量，使其在海水中呈漂浮状态，因而既可以在海底适应匍匐生活，也可以适应半浮游型生活。鹦鹉螺的头部生有许多腕状触手，在动物系统分类学上与乌贼和章鱼等同属一大类。

鲎也是一种古老的海洋生物，其出现时间比恐龙还要早，最早见于泥盆纪，同期出现的三叶虫等均灭绝，成为化石生物，而鲎的繁衍却一直延

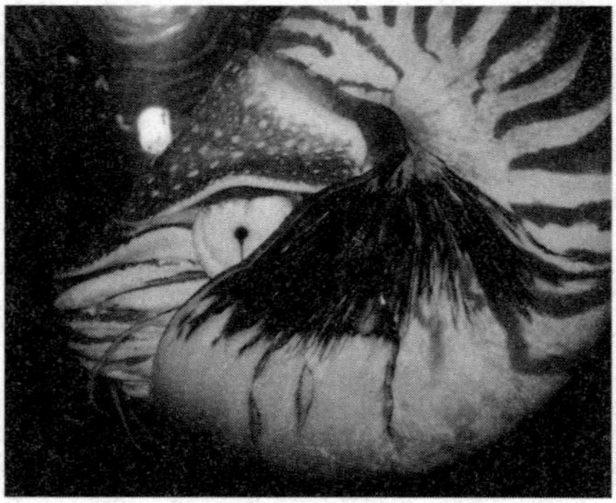

鹦鹉螺

续至今，大约已延续了 4 亿多年。因而鲎也被人们称为海洋生物中的“活化石”。鲎的某些形态结构及幼体发育仍保留着古老的面貌，其幼体发育过程中有一个阶段的形态与古老的化石生物三叶虫非常相似，被称为三叶虫幼体。鲎的外形比较怪异，在我国东南沿海被当地群众称为海怪，有些地方也称马蹄蟹。鲎的躯体由头胸甲、腹部、尾三部分组成。头胸甲呈半月形，外覆厚厚的“盔甲”，背面生有单眼和复眼各一对。腹部较小，

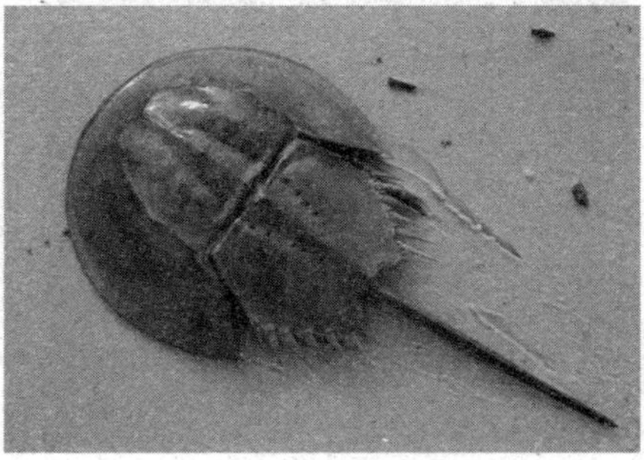

鲎

呈六角形，两侧生有 6 对锐棘，腹面有片状游泳肢 6 对，其中的后 5 对肢基部各生有书鳃一对；尾细长而坚硬，剑状，可以自由摆动。在动物系统分类学中，鲎属于节肢动物，与虾蟹同属一大类。目前全世界仅存在 5 种，比较局限地分布在我国东南沿海、北美洲、中美洲 3 个区域。分布在我国东南沿海的学名为中国鲎，也称东方鲎或三刺鲎，多栖息于沙质海底，并可潜入沙层内，过着昼伏夜出式生活，有时也能爬到海滩上活动。鲎生长缓慢，大约需要 8 年才能达到性成熟，成熟后的鲎常常像鸳鸯那样雌雄成双成对地生活，雄鲎可利用其带钩的附肢匍匐在雌鲎背上，随雌鲎一起行动。鲎的雌雄个体的体型大小差异比较明显，雌大雄小。鲎的血液比较特殊，一般动物的血大多为红色，而鲎血却呈蓝色，这是因为大多数动物的血液中都含有铁离子，铁离子与氧结合后形成血红蛋白，因而血液显红色。而鲎的血液中含有铜离子，铜离子与氧结合后形成血蓝蛋白，因而鲎血显蓝色。鲎血对细菌的反应非常敏感，受伤后其血液能在伤口处很快凝结，起保护作用。用鲎血制成的试剂可以用于检验内毒素，其检验速度快，灵敏度高，是一种非常

珍贵的生化指示剂。

只见雌性不见雄性的鱼

沿海的渔民常常会感到奇怪，为什么所捕到的鮟鱇鱼全都是雌鱼，雄鱼都到哪儿去了呢？原来鮟鱇鱼的雌鱼与雄鱼个体大小差别非常大，其中有的种类雌雄个体大小相差上千倍。雄鮟鱇不仅个体小，而且外形与雌鮟鱇也不太一样，大多都附着在雌鮟鱇的身上，当雌鱼被捕获时它们大多都偷偷地溜走了，不被人们注意。还有的种类雄鱼发育不完全，只能寄生在雌鱼的身上，仅起着产生雄性配子的作用。例如，角鮟鱇的雄鱼就寄生在雌鱼的身上，宛如雌鱼身上的一条角刺，不仔细观察很难发现。因而人们捕获的鮟鱇鱼便只能全都是雌鱼了。

鮟鱇鱼

靠爸爸养大的海洋生物

海马在动物系统分类学上也隶属于鱼类，但其外形与鱼类几乎没有相似之处。其头部像马，与躯体呈 90°弯曲；腹部突出；体外被覆有一层坚硬的环状骨片，好似盔甲；尾鳍消失，尾细长，可以卷曲，平时可用尾卷附在海藻等物体上。雄海马的腹部生有一个育儿袋，繁殖季节雌海马把卵产在育儿袋中，孵化出的幼海马就在育儿袋中生长发育，直到能独立生活后才离开育儿袋。这点虽然有些像陆地上的袋鼠，但海马看起来似乎是由爸爸生的。海马是一味比较名贵的中药材，有“南方人参”之称，有舒筋通络、补肾壮阳、散结消肿等功效。

海　马

鲆与鲽

鲆鲽鱼有时也称比目鱼，地方名偏口鱼，是鲆类和鲽类两大类鱼的总称。鲆鲽鱼的外形比较特殊，身体扁平，如同一片平放的树叶。上侧体色较深，多呈棕黄色至棕褐色，下侧色

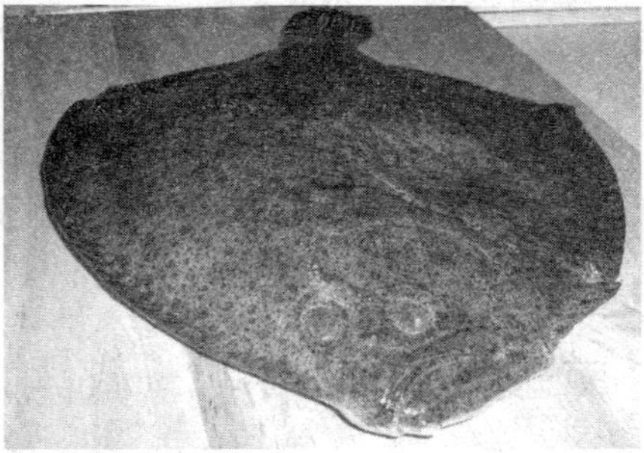

比目鱼

浅，多为白色或黄白色；两只眼睛皆生在色深的一侧，其中一只眼位于头的中间部位，另一只则偏向头的一侧；口虽然也生在头的前端，但开裂方向却不像其他鱼那样呈水平方向而是以近乎垂直的方向倾斜开裂，偏口鱼的地方名大概就是由此而得的。鲆类与鲽类在外形上十分相似，一般人不太容易区分。一个最简单的区分方法就是：将鱼体侧立起来，使其头朝向前方、偏向头一侧的那只眼朝向上方，若两只眼均生在身体的左侧（即体色深的一侧在身体的左方）则为鲆，若在身体的右方则为鲽，也即人们常说的“左鲆右鲽”。常见的鲆类鱼有牙鲆、大菱鲆、漠斑牙鲆等，常见的鲽类鱼有黄盖鲽（地方名小嘴）、高眼鲽（地方名长脖）、石鲽（地方名石礓子）、星鲽等。

鲆鲽鱼一生多数时间都匍匐在海底，色浅的一侧朝下，色深的一侧朝上，而且上侧的体色还可以随着环境的改变而变化，有时体色可变得深一些，有时可变得浅些，有时还能出现一些深浅不同的小斑点，使之与周围的环境色泽一致，起保护色作用。鲆鲽鱼在小时候形状与普通鱼相似，身体也是呈侧扁形，两只眼分别生在头的两侧，在海水中自由游动。但长至1厘米左右时鲆鲽鱼开始下沉至海底，鲆类身体右侧朝下侧卧于海底，鲽类则左侧朝下侧卧于海底。由于生活环境的改变鲆鲽鱼体型也随之逐渐改变，身体开始向背腹方向伸展变宽，贴近海底的一侧体色变浅，而朝上的一侧体色变深，同时头部朝下的

石　鲽

一侧也逐渐向背方扭转，眼和嘴都随之扭转移位，向下一侧的眼移向背侧，嘴扭转成斜向，经过一段时间的变态发育即变成形态基本与成鱼相同的怪样子了。鲆鲽鱼体形与体色的改变是为了更好适应底栖的生活方式，是海洋生物中身体结构与环境相适应的典型例子。

鳐与魟

鳐与魟，地方名有时通称为老板鱼，也是经常栖息在海底的鱼类。鳐与魟是两大不同类的鱼，两者的外形比较相似，鱼体皆为扁平的团扇形，后部生有一条长长的尾，游动时身体的两侧上下扇动，好似蝴蝶飞翔。两者的主要区别是：鳐的尾为细长的棒状，末端生有一片不太大的圆片状尾鳍，尾的上侧还有两片不大的背鳍；而魟的尾为鞭状，末端细长，没有尾鳍，背鳍大多变异为尖锐的棘刺状。

鳐

鳐和魟与鲆鲽鱼一样，也是长到一定时候身体逐渐伸展而变成扁平形，不同的是鲆鲽类用身体的一侧着底，体形变宽的伸展方向为背腹向；而鳐类与魟类则是腹部向下着底，伸展方向是向两侧，体形变宽，因而其两只眼都移至背侧居中位置，而不像鲆鲽鱼那样一只眼居中而另一只眼偏向头的一侧。太平洋海鳐是鳐类中体型最大的种类，最大个体体宽可达 7.6 米，重 1,300 千克。

鲸鱼、鲍鱼、鱿鱼、章鱼为什么都不属于鱼类

鲸鱼、鲍鱼、鱿鱼、章鱼等虽然都被人们称为“鱼”，但实际上它们都不是鱼，而是其他类别的海洋生物，被冠以“鱼”的称呼只是人们的习惯叫法罢了。

鲸鱼学名鲸，因其外形与鱼十分相似，而且又需要长年生活在水中，离开水就不能生存，因而人们习惯上将其称为鲸鱼。其实鲸在动物系统分类学上并不属于鱼类，而属于哺乳动物。鲸的呼吸器官为肺，需要经常浮上水面进行呼吸，幼仔为胎生，幼鲸需要雌鲸的乳汁喂养，这些特征与陆地上的哺乳动物相似，与鱼类则完全不同。外观上，鲸与鱼最明显的区别

是鱼类尾鳍呈垂直方向，而鲸类的尾鳍呈水平方向，鱼类头部两侧有鳃裂，而鲸的头部两侧无鳃裂，但在头部上侧有呼吸孔。

杂色鲍

鲍鱼学名鲍，是一种非常名贵的海产贝类。其体外被覆有一枚扁平的耳状贝壳，属单壳贝类。鲍的足部肥大，肉细嫩鲜美，具有很高的营养价值和滋补保健作用，深受广大群众青睐，在我国，自古就被列入“海产八珍”之中，与海参、干贝、燕窝、鱼翅等齐名。全世界共有鲍 100 多种，全都生活在海洋中，主要分布在亚洲、北美洲和大洋洲的太平洋沿岸，主要生产国有澳大利亚、墨西哥、美国、日本、中国等。我国是世界上最大的养鲍国，近几年的鲍鱼产量中有 2/3 以上为养殖产量。我国沿海自然分布有 8 种鲍，其中有一定产量和经济价值的种类只有两种，分别是皱纹盘鲍和杂色鲍。前者主要分布在江苏以北的北方沿海，后者则主要分布在浙江以南沿海。两种鲍中以皱纹盘鲍的味道最鲜，肉质最好，价格也最贵，为鲍中的上品。但是，两种鲍的外形又比较相似，一般人不易区分。其主要区分方法是：皱纹盘鲍的壳孔数（即贝壳右侧的一列小突起顶端的开孔数目）一般为 3～5 个，而杂色鲍的壳孔数一般为 7～9 个；前者个体较大，野生个体贝壳表面大多为绿褐色，养殖个体一般为绿色或翠绿色；而后者的最大个体一般不超过 8 厘米，壳色大多为红褐色至暗褐色。

皱纹盘鲍

鱿鱼也称柔鱼或乌贼，章鱼的学名为蛸，它们均属软体动物中的头足类。它们的共同特点就是都有一个圆筒状或者椭圆形的胴体，胴体的前部为头，头的两侧生有一对大眼睛，头前部还生有 10 条或 8 条长长的腕状足。腕足都生在头上，这也是它们被统称为头足类的主要原因。鱿鱼的胴体一般多呈圆筒状，头上生有 10 条腕，其中的8条腕的长度略短于胴体，另外两条腕在捕食时可迅速伸长，伸展时大约为胴体长度的3～5倍以上，但不用时则可缩至与其他腕基本等长。鱿鱼的游泳方式也很有趣，前进与后退灵活自如，有时简直使人分不清它到底哪边是头哪边是尾。章鱼也称八爪鱼，其胴体多为椭圆形，头上生有8条等长的腕，腕的长度大约为胴体长度的2～5倍，因而在动物系统分类学上前者为十腕目而后者为八腕目。

有毒海洋生物

海洋生物中有些种类生有毒腺，可以分泌毒液，人类不小心被其咬伤或者蜇伤后会引起中毒。例如：生活在澳大利亚北部海域有一种被称为“海黄蜂”的水母，其体内所含的毒液是已知天然毒素中毒性最强的，毒性超过陆地生物中毒性最强的眼镜蛇毒的毒性。该毒液被稀释1万倍再注入实验生物体内，几秒钟即可致其死亡，游泳者一旦被其蜇伤往往是致命的。我国沿海一些常见的大型水母类，如海蜇等，其触手上也生有刺细胞，能分泌毒素，若被其蜇伤，轻者能引起红肿剧痛，重者则可能导致休克甚至危及生命。海蛇全都是有毒的，一旦被其咬伤，大多也是致命的。贝类中的芋螺受刺激后能喷射出有毒的棘刺，人被其刺伤后能引起红肿剧痛。我国南方海域生长的刺冠海胆的壳上的棘也能分泌毒素，人被其刺伤也能引起红肿剧痛。

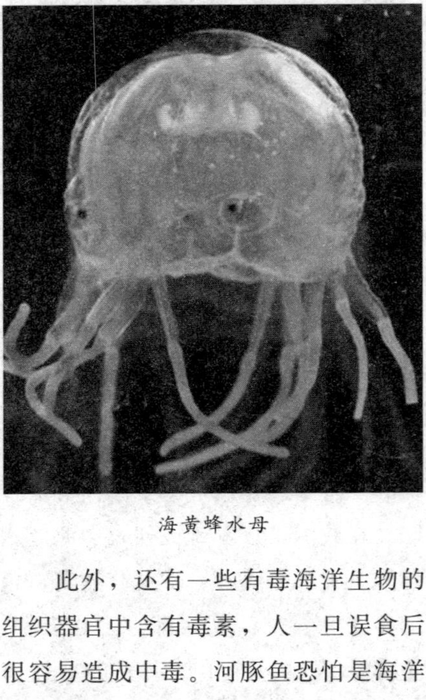

海黄蜂水母

此外，还有一些有毒海洋生物的组织器官中含有毒素，人一旦误食后很容易造成中毒。河豚鱼恐怕是海洋生物中致死人命最多的有毒鱼类了。该鱼的肝脏、卵巢、血液、皮肤、眼球等均含有剧毒，被称为“河豚毒素”，人食用后会很快引起麻痹并致死。河鲀鱼的肉白嫩细滑，味道非常鲜美，因而吸引部分人不惜冒生命危险而食之，在日本甚至还有“拼死吃河豚”之说。中国、日本、朝鲜半

河　豚

岛、东南亚等地几乎每年都有人因吃河豚而致死的事件发生。除河豚之外，鲅鱼（马鲛）、草鱼（鲩鱼）等的肝脏中也含有毒素，鲐鱼（鲭）等红肉鱼类储存不当还容易产生一种被称为“组胺”的有毒物质。某些贝类，如贻贝、毛蚶等，有时体内会积蓄一种被称为“贝毒”的有毒物质，人们一旦食入这些毒素后，轻者可出现呕吐、腹泻、昏迷等症状，重者则可造成死亡。

致病海洋生物

有些海洋生物的体内，特别是鳃上及消化道内，容易积聚致病的微生物，人食用后则会因致病微生物感染而引发疾病。例如，发生在我国江苏如东沿海的甲肝事件，就是由毛蚶携带病原菌而引发的甲型肝炎爆发的重大事件。一些人在夏秋季吃了水产品后容易引发上吐下泻等消化系统疾病，大多也是由于食用了不干净的海洋生物而造成的。

毛　蚶

噬人的海洋生物

海洋生物中可直接攻击人类，并造成人身伤害事故最多的鱼类是鲨鱼。全世界鲨鱼约有 350 种，其中只

噬人鲨

有某些大型种类才可能袭击游泳者和冲浪者，对人类造成危害。噬人的鲨鱼中以大白鲨对人类危害最大，因其多生活在温暖的浅水域，对游泳者的威胁最大。此外，噬人鲨、虎鲨、双髻鲨、长尾鲨等也能对人类安全构成

威胁。在澳大利亚、美国以及东南亚沿海，鲨鱼袭击人的事件时有发生，游泳者经常是“谈鲨色变”。

海洋鱼类的特点

鱼鳍

鱼类在水中主要依靠鳍来自由游动。鱼的鳍分为背鳍、胸鳍、腹鳍、臀鳍、尾鳍。胸鳍 2 片，生在头的后方、鱼体前部的两侧，每侧 1 片，两侧对称，其主要作用是改变鱼的游动方向，如向上、向下、左右转弯等，同时还用于保持鱼体的平衡。背鳍生在鱼的背部，有的种类为 1 片，有的种类为一前一后 2 片。腹鳍生在鱼的腹侧前部，有的种类左右各 1 片，有的则合二为一。臀鳍生在鱼的腹部后方、肛门附近，一共 2 片。背鳍、腹鳍、臀鳍的主要作用是保持鱼在水中身体状态稳定，防止侧翻。尾鳍生在鱼的尾部，只有 1 片，有的呈桨状，有的为开叉状，尾鳍的功能最多，对鱼的运动也最重要，其左右摆动是鱼向前游动的主要动力，此外还有控制鱼的前进方向、保持鱼体稳定等作用。

①尾鳍；②背鳍；③胸鳍；④腹鳍；⑤臀鳍

鱼的各种鳍

鱼鳔

鱼类的身体比重一般都略大于水，之所以能在水中自由地沉浮，主要是通过体腔内一个叫做“鳔”的囊状器官来进行调节。大多数鱼的腹腔内都生有鳔，鱼鳔为长椭圆形囊状器官，分为前后两个室。鱼类可以通过部分腺体从血液中分离出气体填充至鳔内，以调节鱼体的比重。鱼需要上浮时，向鳔内充气，使鱼体的比重小于水；鱼类需要下沉时，则排出鳔内一部分气体，使鱼体的比重大于水。同时鱼还可以通过调节鳔前后两个室的充气量大小，使鱼体的前后侧浮力不等，从而使鱼在水中能呈现头部上仰或者尾部上翘等不平衡状态，以协助其能向上或向下快速游动。

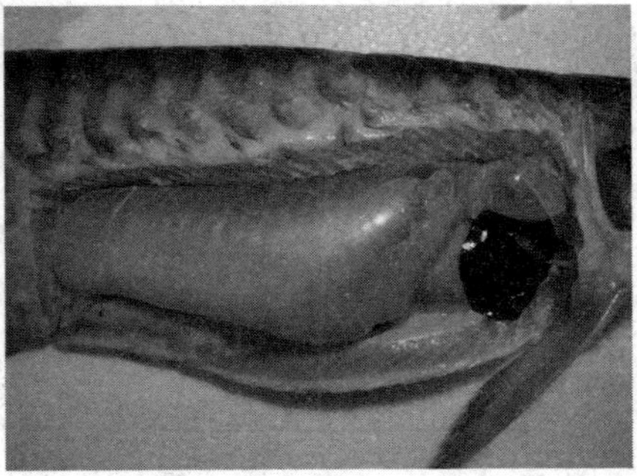

鱼　鳔

有些深水鱼（如金枪鱼类）体腔内没有鳔，平时只能依靠在水中不停地游动才能保持漂浮状态，一旦停止游动很快就会下沉。鲨鱼虽然也没有鳔，但其肝脏很大，可通过调节肝脏的比重来调节其沉浮。

陆地生物的呼吸器官主要是肺，肺组织直接与空气进行气体交换，有些陆地生物种类的皮肤也能参与呼吸功能。而鱼类的主要呼吸器官是鳃，通过鳃与水进行气体交换，吸收溶于水中的氧，排出体内的二氧化碳。海水通过鱼的口进入口腔，再通过两侧的鳃流出体外。海水在经过鳃时，与鳃组织进行气体交换，溶于水中的氧透过鳃组织薄膜进入血液，鱼体内代谢产生的二氧化碳等废物则通过鳃组织薄膜排入水中。鱼类呼吸系统的气体交换效率要比陆上生物高得多，陆上生物进行呼吸时一般仅能吸收空气中所含氧的 20% 左右，而鱼类则可吸收水中溶解氧的 80%。这是由于水中溶解的氧比空气中氧的含量要低很多，空气中含氧量约 21%，而水中的溶解氧的含量仅有 5～7 毫克/升，水中的含氧量仅为空气含氧量的几万分之一。

海洋中的哺乳动物

海洋中有一类动物，其某些形态结构和生态习性具有陆地哺乳动物的特征，如呼吸器官为肺，幼仔胎生、需要用母体的乳汁喂养等，在动物系统分类学上这类动物被列为海洋哺乳动物，也称海兽类。全世界海洋中有哺乳动物近百种，只有极少数种类分布在淡水中。根据其形态结构和生态习性等特征的不同，海洋哺乳动物又分为鲸、海牛、鳍脚类、海洋鼬类 4 大类别。

鲸

鲸外形似鱼，而且需要长年在海洋中生活，因而也被人们称为鲸鱼。鲸有须鲸与齿鲸之分。须鲸的口腔内无牙齿，但生有许多须板，捕食时主要依靠须板来滤食海水中的磷虾等体型较小的生物，主要种类有蓝鲸、灰鲸、小鳁鲸、驼背鲸等；齿鲸的口腔内生有牙齿，可捕食个体较大的鱼类以及头足类（如乌贼、鱿鱼）等。齿鲸中体型较大的称鲸，如抹香鲸、虎鲸（逆戟鲸）等；体型较小的称为海豚，如宽吻海豚、中华白海豚等。

灰　鲸

海　牛

海牛类与鲸类一样，也只能长年在水中生活。其前肢也为鳍状，后肢也变为扁平的尾鳍，但尾鳍多为团扇形，躯干部无背鳍。海牛类是海洋哺乳动物中唯一的草食性一族，有些种类可进入

海　牛

河口，在淡水中生活，主要种类有加州海牛、儒艮等。被人们称为“美人鱼”的，就是海牛中的某些种类。

鳍脚类

鳍脚类大部分时间在水中生活，但繁殖、换毛、休息时可离开水到陆上生活。为适应水中生活，它们的四肢也变为鳍状，但大多仍保留着趾和爪的痕迹。鳍脚类又可分为海狮、海象、海豹 3 个类别。其中，海狮类后肢尚未完全退化，在陆上仍可以用四肢爬行。海象仅有一种，主要生活在北极海域，后肢也可以向前弯曲，可用四肢爬行。海豹类的后肢已退化变小，不能向前弯曲，仅可起到协助游泳的作用，海豹在陆上爬行主要依靠前肢。海豹多生活在比较寒冷的高纬度海域，在已知的 17 种海豹中，仅有 1 种生活在暖水域，其余 16 种均生活在冷水或冷温性海域中。

海　狮

海　豹

海　象

象海豹是鳍脚类中体型最大的种类，雄性象海豹的体长可达5～6米，体重超过3吨。象海豹的最大特征是成年雄性象海豹都有一个下垂的大鼻子。象海豹的大多数时间都生活在水中，通常每年只上岸两次，繁殖和换毛各上岸一次。我国海域只有斑海豹、环海豹和髯海豹。斑海豹每年的冬春季都会从太平洋北部的寒冷海域游到我国辽东半岛和渤海海峡水域的岸边及浮冰上繁殖产仔。环海豹和髯海豹有时也会游到我国海域。

海狮、海狗、海豹、海象外形有什么区别

海狮、海狗、海豹、海象都属于海洋哺乳动物中的鳍脚类，其外形上的共同特点是都有一个像兽类一样的头，体外都生有短而浓密的毛，但身体却变得像鱼一样细长，四肢也变成近似于鳍状。四者在外形上的主要区别是：

海狮与海狗的头上都生有一对不大的外耳廓，后肢可以向前弯曲，在陆上可用四肢爬行。四肢上都不生毛，前肢趾上的爪退化，仅后肢的部分趾上生有爪。北海狮是海狮中比较常见的种类，在动物园和海兽表演场中经常可以看到。海狗又称海熊，外形与海狮基本相似，但体型略小些，主要种类有北方海狗、阿拉斯加海狗、加拉帕戈斯海狗、澳大利亚海狗、南极海狗等。海狗在我国十分罕见，即使是在动物园中也很少能见到。

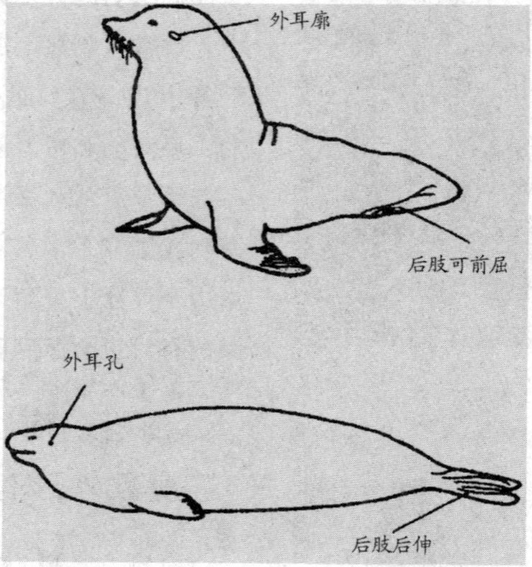

海狮（上）和海豹（下）

海象和海豹的头上均无外耳廓，仅保留外耳孔，四肢上都被覆毛，前后肢的趾上都生有爪。海豹的后肢退化程度较高，短小且不能向前弯曲，但仍保留着后肢的基本形状。海豹在陆上爬行时只能依靠前肢，后肢仅起着协助游泳的作用。而海象的后肢还可以向前弯曲，协助爬行。此外，成年雄性海象的口部还生有一对近 1 米的长牙。

海洋鼬类

海洋鼬类仅有海獭一类，常见种类为海獭和海洋獭。在海洋哺乳动物中其体型最小，外形上仍保持着陆地小兽类的形态特征，四肢发达，仅趾间生蹼，尾部变为扁平的桨状，利于游泳。海獭类的最大特点是无论休息还是进食总喜欢腹部向上仰卧在水面。海洋鼬类因皮毛质量优良，曾被人类大量捕杀，目前数量已非常稀少，因而被列为珍稀保护动物。

海　獭

海洋植物与食物链

生活于海洋中的植物通常被称为藻类。由于海洋中的生态环境与陆地上的环境大不一样，因而生活在海洋中的植物与陆生植物差别非常大。例如，陆地上的植物绝大多数都为多细胞生物，多数种类都有根、茎、叶之分，成熟后开花、结籽，依靠种子进行繁殖。而海洋中的植物中单细胞种类占80%以上，即使是比较高等的种类，大多也没有根、茎、叶之分，多数种类都是靠细胞分裂或者由孢子进行繁殖。

深海中的海洋植物

地球上的生物据估计有1,000万种，目前已被记录到的大约200万种。其中，植物约50万种，动物则超过100万种，而生活在海洋中的植物大约只有2万种。海洋植物虽然种类不如陆地上的植物多，但其个体数量却远远超过陆生植物。海洋植物的进化程度大都比陆生植物低，在2万种海洋植物中，绝大多数种类都属于比较低等的单细胞生物，比较高等的种类还不到100种。

在植物系统分类学中，藻类被分为绿藻、褐藻、红藻、硅藻、金藻、黄藻、甲藻、蓝藻共8个门类，但人们习惯上常将藻类分为微藻类和大型藻类两大类。微藻类大多都是单细胞生物，个体大小一般都不足1毫米，少数种类是由几个细胞组成的群体，但组成群体的各个细胞相互独立，细胞之间没有分工，脱离群体后各自仍可以独立生活。微藻类的繁殖方式为无性繁殖，依靠细胞分裂法进行繁殖。大型藻类中有些种类，如裙带菜、马尾藻等，从外观上看似乎有根、茎、叶，但实际上它们的各部分在组织结构和生理功能上并没有明显的分化，与陆生植物的根、茎、叶分化有着本质上的区别，因而只能被称为叶状体。海洋植物中只有极少数种类与陆地上的高等植物有些相似，如大叶藻、虾形藻等，它们已开始有根、茎、叶的分化。

海洋初级生产力

浮游植物的细胞中一般都具有色

素体，含有叶绿素或者藻黄素、藻蓝素等其他种色素，因此浮游植物可以利用海水中的碳、氮、磷等无机物，通过光合作用合成有机物，用于自身的生长与繁殖。同时，浮游植物本身又是其他海洋生物的食物，能为这些生物提供营养物质。浮游植物既是海洋中有机物的生产者，又是其他海洋生物的营养提供者，因而被认为是形成海洋中各种生物生产能力的基础，是海洋中有机物的初级生产者，在渔业资源学中则将其称为海洋初级生产力。海洋初级生产力的大小，是评价一个海域渔业生产能力的最基本参数。

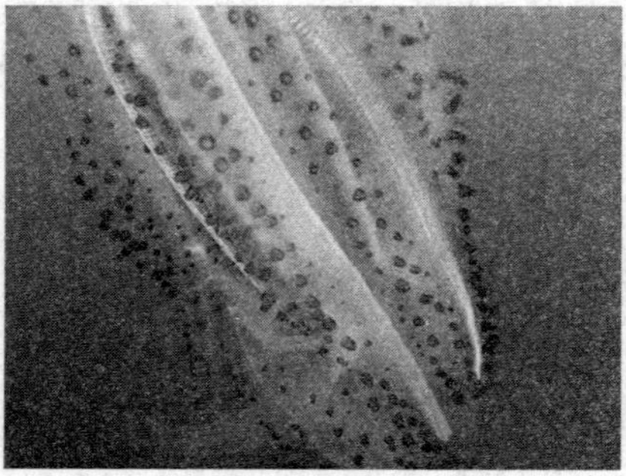

浮游植物

表示海洋初级生产力大小的方法有两种：一是用每天（或每年）单位水面生产浮游植物的能力，并将该能力折合成有机碳量来表示，单位是毫克碳/平方米·天（$mgC/m^2 \cdot d$），或克碳/平方米·年（$gC/m^2 \cdot y$）；二是用海水中叶绿素的含量来表示，常用单位为毫克/立方米（mg/m^3）。

营养阶层转换率

海洋中的浮游植物（被称为初级生物）可以被浮游动物（被称为二级生物）摄食，浮游植物的营养便转化成浮游动物的营养；浮游动物又被鱼类（被称为三级生物）摄食，浮游动物的营养又转化成鱼的营养，亦即初级生产力转化成次级生产力，次级生产力又转化成三级生产力。经过这样一级又一级的转化，最终可以将初级生产力转化为能被人们利用的水产品。在渔业生物学和渔业资源学中，每经过一次转化后相邻两级生物之间的重量比，被称为营养阶层转换率。例如，1千克浮游动物在其生长过程中需要摄食8千克浮游植物，则其营养阶层转换率为$1/8=12.5\%$。再如，每生产1千克鲑鱼约需要投喂10千克鲱鱼，其营养阶层转换率为$1/10=10\%$；而每生产1千克鲱鱼约需10千克浮游植物，其营养阶层转换率也是$1/10=10\%$。由此可以推算出：每生产1千克鲑鱼相当于消耗100千克（$1\times10\times10=100$，或者$1\div10\%\div10\%=100$）浮游植物，即由浮游植物转化成鲑鱼的营养阶层转换率为1%。

渔业资源蕴藏量的测算

测算自然海域渔业资源蕴藏量的方法有很多种，比较常用的有：直接推算、根据捕捞能力推算、根据标志放流推算、根据再生机制推算、根据渔获物数量及其年龄组成推算、根据资源量指数换算、根据低龄个体数量估算等等。

食物链也称营养链，是指食物中的营养（能量）从一个生命体流向另一个生命体的连锁关系，它显示了自然界各种生命形式之间以及生命与环境之间的一种相互联系、相互依存的复杂连锁关系。食物链一般都由初级生物（即初级生产力）、二级生物（即次级生产力）、三级生物等若干个层次构成，即一级生物被二级生物摄食、二级生物又被三级生物摄食、三级生物还可能被四级生物摄食……一个食物链中最短的只有两个环节，最长的一般也不超过5～6个环节。生物学家常将食物链分为3种类型，即捕食者食物链、寄生者食物链和腐生者食物链。

海洋中的食物链一般都是从浮游植物开始。例如，浮游植物被浮游动物摄食，浮游动物又被小鱼小虾摄食，小鱼小虾再被大的鱼类摄食，如此就构成一个比较完整的食物链。再如，浮游植物被滤食性贝类摄食，滤食性贝类又被肉食性贝类摄食，肉食性贝类再被大型蟹类或鱼类摄食，如此又构成一个比较完整的食物链。上述的食物链在海洋中有很多条，其最终结果都是浮游植物的营养逐级转变成最高一级生物的营养。唯一的例外就是深海海底所形成的食物链，因为那里既没有光照又缺少氧，初级生物不可能像浮游植物那样通过光合作用来合成有机物，而只能是由某些深海细菌类利用喷气口附近的硫和热量等作为能源，再由这些深海细菌类为基础生产力构成独立的食物链。

海洋中有许许多多独立的食物链，它们之间相互交织、相互重叠，共同构成了复杂的网状关系，被称为食物网。营养学家常常是通过食物链来研究食物网中植物与植物、植物与动物、动物与动物之间复杂的依存关系。